Dag Kroslid
Konrad Faber
Kjell Magnusson
Bo Bergman

# Six Sigma

Erfolg durch Breakthrough-
Verbesserungen

W0195915

**HANSER**

# Inhalt

# Vorwort des Herausgebers

Warum Six Sigma? Das umfassende Qualitätsmanagement ist schon seit geraumer Zeit vortrefflich beschrieben, mit den dazugehörenden Techniken und vielem mehr.

Nun kommt Six Sigma über den Ozean mit der Gefahr, dass das eintritt, was wir überwunden glaubten: Es bildet sich wieder eine Elite im Betrieb, die etwas weiß, was andere nicht verstehen.

Auch dieser Pocket Power befasst sich mit Total Quality Management, aber er verfolgt eine andere Herangehensweise, wie auch Total Quality Maintenance, Just in Time oder Lean Management eine andere Herangehensweise an das TQM darstellen. Glücklicherweise ist der Werkzeugkasten fast der Gleiche.

Wer sich der weltweit wirksamsten Unternehmensführungsmethode Total Quality Management widmen will, sich ihr aber nicht über die Geisteshaltung, die Anlageneffizienz, die Durchlaufzeit oder die Verschwendungsbekämpfung nähern will, sondern mittels der Statistik, der ist bei Six Sigma gut aufgehoben.

Prof. Dr.-Ing. Gerd F. Kamiske

# Wegweiser

Dieses Buch wendet sich an Praktiker. Die folgenden drei Symbole führen Sie schnell zum Ziel:

 Dieses Symbol markiert **Anwendungstipps:** Hier erfahren Sie, wie Sie bei der Umsetzung am besten vorgehen.

 Hier geben wir Ihnen **Praxisbeispiele,** die zeigen, wie die Thematik von anderen konkret umgesetzt wird.

 Wo Sie dieses Symbol sehen, weisen wir Sie auf **Hürden und Hindernisse** hin, die einer Umsetzung erfahrungsgemäß oft im Wege stehen.

# Abkürzungen und Ausdrücke

| | |
|---|---|
| ANOM | engl. „Analysis of Means" dt. Mittelwertanalyse |
| ANOVA | engl. „Analysis of Variance" dt. Varianzanalyse |
| BB | Black Belt |
| CRM | Customer Relationship Management |
| CTQs | engl. „critical-to-quality characteristics" dt. Qualitätskritische Merkmale |
| FpMM | Fehler pro Million Möglichkeiten |
| GB | Green Belt |
| GE | General Electric Company. Globales Unternehmen mit Hauptsitz in den USA, weltweit bekannt für seine Six Sigma-Initiative. |
| MBB | Master Black Belt |
| Produkt | Materielles Gut oder Dienstleistung |
| Toll-gates | Sequenzielle Teilziele im Projekt, die gewisse Aktivitäten, Maßnahmen und Teillieferungen erfordern. |
| TRIZ | Eine russische Abkürzung für „Theorie kreativer Problemlösung", entwickelt von Gennrich Altshuller. |
| WB | White Belt |
| x | Einsatzfaktoren eines Prozesses oder Systems werden in Six Sigma mit $x$ bezeichnet. |
| y | Ergebnisfaktoren eines Prozesses oder Systems werden in Six Sigma mit $y$ bezeichnet. |

# 1 Die Welt von Six Sigma

Flughäfen sind interessant. Menschen aus aller Welt drängen sich in den engen Korridoren der Abflugsteige und den etwas weiträumigeren Hallen und Lounges. Die Fluggäste sind entweder gerade gelandet oder sie bereiten sich auf ihren Abflug vor. Die erste Gruppe hat sie vielleicht bemerkt, ihnen aber keine besondere Aufmerksamkeit zukommen lassen, die letztere wird sie vielleicht bemerken, ihnen aber wahrscheinlich auch keine große Beachtung schenken.

Was diese Fluggäste bemerken, worüber sie jedoch kaum nachdenken werden, sind die Spuren, welche die Flugzeugreifen beim Aufsetzen auf der Rollbahn hinterlassen. Es sind unzählige Flecken, die innerhalb eines größeren Bereichs an beiden Enden der Rollbahn scheinbar zufällig verteilt sind (Bild 1). Das Interessante dabei ist, dass es auf jeder Landebahn für jede Landerichtung nur eine einzige Zielkoordinate gibt.

Jedes ankommende Flugzeug versucht, genau auf dem Zielpunkt aufzusetzen. Jedoch führt Variation in Faktoren, wie z. B. Wind, Temperatur, Luftfeuchtigkeit, Landeklappen, Motoren, Bordinstrumenten und der Bedienung durch die

**Bild 1:** *Auf jeder Landebahn gibt es eine Zielkoordinate. Rechts die Landebahn des Flughafens Stavanger, Norwegen.*

Piloten, während des Anflugs und Landevorgangs zu Abweichungen vom Zielpunkt. Fluggäste nehmen Variation z. B. auch in Form von Abweichungen bei der Pünktlichkeit und der Gepäckabfertigung wahr. Wenn Variation riesige Flugzeuge ihre Zielpunkte verfehlen lässt, Flugverspätungen verursacht und zum Verlust von Gepäckstücken führt, welche Konsequenzen hat Variation dann für Ihr Unternehmen und Ihre Geschäfte? Die Antwort lautet: Eine ganze Menge! Six Sigma unterscheidet sich dadurch von anderen Verbesserungskonzepten, dass Variation als eine ernst zu nehmende Bedrohung für Unternehmen betrachtet wird und dass Six Sigma ausdrücklich die Reduzierung von Variation anstrebt, und zwar immer zusammen mit der Verbesserung der Durchschnittsleistung.

Betrachten wir das folgende Six Sigma-Verbesserungsprojekt eines europäischen Unternehmens. Es handelt sich hierbei um einen Produktionsprozess, es könnte jedoch genauso gut von einem Dienstleistungsprozess stammen. Das Unternehmen hat ein Verbesserungsprojekt zur Reduzierung der Durchlaufzeit an einem Engpass initiiert. Der Prozess gliedert sich in neun Teilprozesse und die Projektgruppe hat jeweils 25 Messungen der Durchlaufzeit der Teilprozesse (Einsatzfaktoren) sowie der Gesamtdurchlaufzeit (Ergebnisvariable) des Prozesses durchgeführt (Tabelle 1).

In der Untersuchung suchte das Projektteam Antworten auf zwei Fragen. Die erste Frage war, welche der Einsatzfaktoren den Durchschnittswert des Ergebnisses (Gesamtdurchlaufzeit) beeinflussen. Die zweite Frage war, welche der Einsatzfaktoren die Variation des Ergebnisses (Gesamtdurchlaufzeit) beeinflussen. Die Ergebnisse der Untersuchung wurden in zwei Kuchendiagrammen zusammengefasst, eines für den Durchschnittswert und eines für die Variation (Bild 2).

| Messung Nr.: | Teilprozess | | | | | | | | | Gesamt |
|---|---|---|---|---|---|---|---|---|---|---|
| | 1 | 2 | 3 | 4 | 5 | 6 | 7 | 8 | 9 | |
| 1 | 90 | 36 | 18 | 10 | 6 | 55 | 72 | 84 | 48 | 419 |
| 2 | 84 | 42 | 12 | 10 | 6 | 55 | 66 | 90 | 60 | 425 |
| 3 | 84 | 42 | 12 | 18 | 6 | 55 | 66 | 90 | 180 | 553 |
| 4 | 90 | 42 | 12 | 18 | 6 | 55 | 66 | 90 | 42 | 421 |
| 5 | 84 | 42 | 12 | 18 | 5 | 55 | 66 | 90 | 42 | 414 |
| 6 | 84 | 42 | 12 | 10 | 5 | 55 | 66 | 90 | 42 | 406 |
| 7 | 84 | 42 | 12 | 10 | 5 | 55 | 66 | 96 | 36 | 406 |
| 8 | 84 | 42 | 12 | 10 | 5 | 55 | 66 | 84 | 66 | 424 |
| 9 | 84 | 42 | 12 | 10 | 6 | 55 | 66 | 84 | 48 | 407 |
| 10 | 84 | 42 | 12 | 10 | 6 | 55 | 66 | 96 | 168 | 539 |
| 11 | 90 | 54 | 18 | 18 | 6 | 60 | 66 | 90 | 228 | 630 |
| 12 | 90 | 54 | 12 | 10 | 6 | 55 | 66 | 84 | 240 | 617 |
| 13 | 72 | 36 | 12 | 10 | 5 | 55 | 60 | 78 | 42 | 370 |
| 14 | 90 | 36 | 12 | 10 | 5 | 55 | 66 | 90 | 54 | 418 |
| 15 | 84 | 42 | 12 | 10 | 5 | 55 | 72 | 90 | 210 | 580 |

| Messung Nr.: | Teilprozess | | | | | | | | | Gesamt |
|---|---|---|---|---|---|---|---|---|---|---|
| | 1 | 2 | 3 | 4 | 5 | 6 | 7 | 8 | 9 | |
| 16 | 84 | 42 | 18 | 10 | 5 | 55 | 66 | 84 | 48 | 412 |
| 17 | 84 | 36 | 18 | 10 | 5 | 55 | 66 | 84 | 192 | 550 |
| 18 | 84 | 42 | 18 | 18 | 6 | 55 | 66 | 84 | 192 | 565 |
| 19 | 84 | 42 | 18 | 10 | 6 | 55 | 66 | 90 | 60 | 431 |
| 20 | 84 | 36 | 12 | 10 | 3 | 55 | 66 | 84 | 60 | 410 |
| 21 | 78 | 42 | 20 | 10 | 3 | 55 | 66 | 84 | 72 | 430 |
| 22 | 78 | 42 | 20 | 10 | 3 | 55 | 66 | 84 | 90 | 448 |
| 23 | 84 | 42 | 20 | 10 | 3 | 55 | 66 | 84 | 42 | 406 |
| 24 | 78 | 36 | 12 | 10 | 6 | 55 | 66 | 90 | 48 | 401 |
| 25 | 84 | 42 | 12 | 10 | 6 | 55 | 66 | 90 | 60 | 425 |
| Durchschnitt | 84 | 42 | 14 | 12 | 5 | 55 | 66 | 87 | 95 | |
| Variation (Varianz, $s^2$) | 18 | 21 | 11 | 11 | 1 | 1 | 4 | 18 | 4 902 | |

**Tab. 1:** *Durchlaufzeit der Einsatzfaktoren (Teilprozesse) und der Ergebnisvariablen (Gesamt) in Minuten*

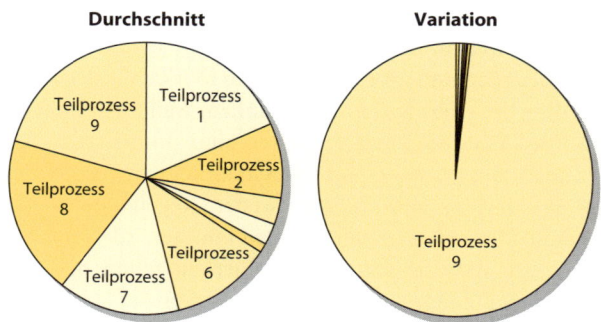

**Bild 2:** *Einfluss der Einsatzfaktoren auf den Durchschnittswert und die Variation der Ergebnisvariablen*

In diesem Fall, wie in so vielen anderen Prozessverbesserungen, wurde das größte Verbesserungspotenzial durch die Analyse der Variation aufgedeckt. Durch Standardisierung der Tätigkeiten im Teilprozess 9 und kleinere Änderungen der Arbeitsabläufe konnte die Variation der Durchlaufzeit von Teilprozess 9 um 58 % und der Durchschnittswert der Gesamtdurchlaufzeit von 460 Minuten auf 423 Minuten reduziert werden. Mit dem dadurch erreichten höheren Durchsatz führte dieses Verbesserungsprojekt zu einer Netto-Kostenersparnis von 110 000 Euro für das europäische Unternehmen.

Was ist eigentlich Variation? Variation ist ein grundlegendes Phänomen und Teil aller im täglichen Leben relevanten Systeme. In Unternehmen gibt es auf allen Ebenen Systeme, z. B. die Organisation (Unternehmen oder Unternehmensbereich), die Infrastruktur (IT-Systeme, Personalmanagementsysteme, Kundensysteme, Produktionssysteme etc.), einen Prozess, ein Projekt oder Produkte (materielle Güter oder Dienstleistungen). Es ist eine unumstößliche Tatsache, dass die in einem System enthaltene Variation es immer wieder unmöglich macht, den Zielwert für ein bedeutendes Merkmal des Ergebnisses zu erreichen. Die Merkmale der Ergebnisgrößen ($y$) eines Systems schwanken, weil Variationen in allen Einsatzfaktoren ($xs$) enthalten sind und diese sich als Bestandteil des Prozesses auf sein Gesamtergebnis auswirken (Bild 3). Einsatzfaktoren sind entweder „Regelfaktoren", d.h. dass diese physisch gesteuert werden können, oder „Störfaktoren", d.h. dass sie als unkontrollierbar gelten oder eine Steuerung zu teuer oder nicht erstrebenswert ist.

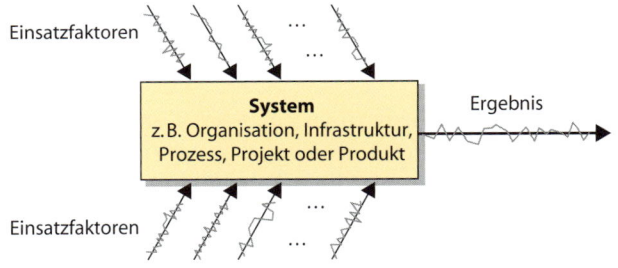

**Bild 3:** *System mit Variation (illustriert durch Schlangenlinien) in verschiedenen Einsatzfaktoren (xs), die sich auf die Merkmale der Ergebnisse (y) überträgt*

Variation tritt in zwei Grundformen auf. Variation aufgrund allgemeiner Ursachen ist die natürlich auftretende Form, die ohne Änderungen des Designs nicht zu umgehen ist. Variation aufgrund spezieller Ursachen ist auf besondere Umstände und mehr oder weniger einfach zu identifizierende Ursachen zurückzuführen. Es ist häufig diese letzte Art der Variation, die Gegenstand von Verbesserungsprojekten ist. Es werden die Einsatzfaktoren identifiziert, deren Variation spezielle Ursachen hat und die unser System vom Zielwert abbringen, wodurch unzufriedene Kunden und Zusatzkosten entstehen. Wirkliche Breakthrough-Verbesserungen an einem System werden jedoch häufig dadurch erreicht, dass beide Arten von Variation berücksichtigt werden – oder noch besser – dadurch, dass Wege gefunden werden, um das System weniger anfällig für die Variation in den Einsatzfaktoren zu machen, also „Robustes Design".

> ### 👍 Denkmodell zur Erklärung von Mechanismen im Geschäftsleben
>
> Überall in Unternehmen tritt Variation in Form von Abweichungen auf, z.B. bei Budgets, Bedarfsprognosen, Produktionsplänen, Lieferzeiten, Fertigstellungsterminen und Dimensionen. Die Ursachen für die Abweichungen liegen in den Einsatzfaktoren. Verbesserungen müssen daher an den Einsatzfaktoren ansetzen.

Variation führt heute zu Zusatzkosten für Unternehmen. Dies liegt darin begründet, dass alle Abweichungen vom Zielwert entweder für das Unternehmen oder sein Umfeld – normalerweise Kunden und Lieferanten – Zusatzkosten verursachen. Die so genannte Verlustfunktion veranschaulicht diese Dynamik (Bild 4). Betrachten wir das Beispiel eines Budgets. Für jede Abweichung vom Budget, d.h. sowohl bei einer Budgetüber- als auch bei einer Budgetunterschreitung, gilt, dass je größer die Abweichung des tatsächlichen Werts vom Budgetziel ist, desto größer der Verlust. Dass Budgetunterschreitungen zu Verlusten führen, liegt daran, dass die freien Mittel für das Unternehmen wertvoller gewesen wären, wenn diese von vornherein im Budget durch entsprechende Anpassung des Zielwerts berücksichtigt worden wären. Dieselbe Wirkungsweise der Verlustfunktion gilt auch für die Gesamtdurchlaufzeit. Sie gilt praktisch für alle Produkte – und auch Einsatzfaktoren – eines Systems. Diese Art des Managements erfordert natürlich eine enge Verknüpfung der gesetzten Ziele mit den übergeordneten Unternehmenszielen.

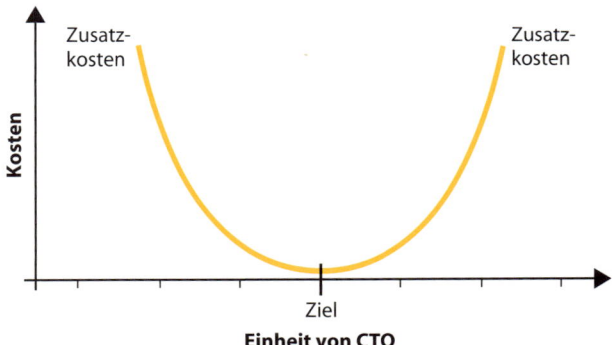

**Bild 4:** *Die Verlustfunktion von Genichi Taguchi zeigt, wie jede Abweichung vom Zielwert zu Zusatzkosten führt.*

Überall auf der Welt hat sich die Verbesserungsarbeit an allen Arten von Systemen in Unternehmen verbessert, indem große Anstrengungen der Reduzierung von Personal, Durchlaufzeiten, Lagern oder Fehlern unternommen worden sind. Als Folge dessen wenden sich immer mehr Unternehmen der Reduzierung von Variation als ihrer bevorzugten Verbesserungsmöglichkeit zu. Auf Unternehmensebene betrachten sie Variation als die Hauptursache für unzufriedene Kunden, unzureichende Gewinnspannen, Budgetabweichungen, niedrige Kapitalrenditen, Verzögerungen bei der Produktentwicklung, erfolglose Werbekampagnen, unzuverlässige IT-Systeme, hohe Kundenforderungen und Schwächen in der Versorgungskette. In Prozessen und Projekten betrachten sie Variation als die Hauptursache für Kundenunzufriedenheit, Beschwerden, Garantiefälle, Rücknahmen, Projektüberschreitungen, Nacharbeit, Überproduktion, Lieferverspätungen, mangelnde Zuverlässigkeit und Verschwendung im Design.

## WORUM GEHT ES?

Die Suche unter den verschiedenen Verbesserungskonzepten und Strategien nach einem pragmatischen Weg zur Reduzierung der Variation endet bei den meisten Unternehmen mit einer Entscheidung zu Gunsten von Six Sigma. Der Hauptgrund dafür ist, dass Six Sigma Verbesserungspotenzial in einer Reihe von Bereichen und von verschiedenen Komplexitätsgraden realisiert. Es beinhaltet ständige Verbesserungen sowie auch Breakthrough-Verbesserungen. Obwohl Six Sigma stark auf die Reduzierung von Variation ausgerichtet ist, werden selbstverständlich, wann immer es notwendig sein sollte, auch die Durchschnittswerte verbessert, da es wenig Sinn macht, nur die Variation um einen Mittelwert herum zu reduzieren, der an sich unzulänglich ist.

Mikel J. Harry, die unbestrittene Autorität in Bezug auf Six Sigma, definiert Six Sigma als „einen Geschäftsprozess, der es allen Unternehmen ermöglicht, ihre Geschäftsergebnisse drastisch zu verbessern, indem alltägliche Aktivitäten auf eine Art und Weise entwickelt und überwacht werden, die Verschwendung und Ressourcen minimieren, während gleichzeitig die Kundenzufriedenheit gesteigert wird". Volvo Cars stellt fest: „Six Sigma ist eine Haltung und ein Programm für Verbesserungen, Kundenzufriedenheit und Rentabilität." Six Sigma ist sowohl in produzierenden Unternehmen als auch in Dienstleistungsunternehmen einsetzbar.

Technisch gesehen ist Sigma ein Buchstabe des griechischen Alphabets, der $\sigma$ geschrieben wird. Er ist sowohl das Symbol als auch die Maßzahl für Prozessvariation. Eine Prozessleistung entspricht sechs Sigma, wenn die Variation eines einzelnen Prozess- oder Produktmerkmals so gering ist, dass in einer Million Möglichkeiten nur 3,4 Fehler auftreten (Bild 5). Dieses äußerste Ziel ist für die meisten Branchen und Unternehmen unerreichbar. Weltweit haben sich Six Sigma-Unternehmen daher hinsichtlich qualitätskritischer Merkmale an eine allgemeine jährliche Verbesserungsrate von 50 % als Best Practice angenähert.

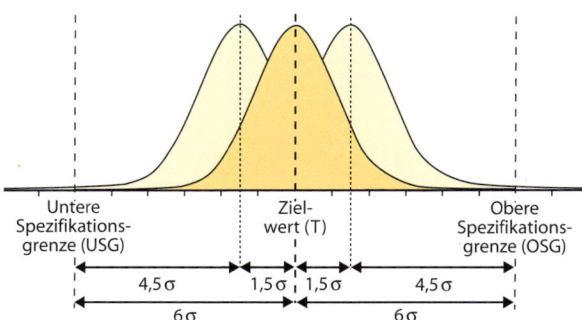

**Bild 5:** *Die hellgraue Verteilung stellt ein Prozess- oder Produktmerkmal dar, das um den Zielwert herum zentriert ist. Misst man über eine gewisse Zeit hinweg das Merkmal, so wird sich im Verlauf der Zeit der Mittelwert verändern. Diese Veränderung wird gewöhnlich auf maximal ±1,5 $\sigma$ (Standardabweichungen) festgesetzt und wird durch die dunkelgrauen Flächen dargestellt. Alle Langzeitmessungen in Six Sigma beinhalten diese Annahme, was auch die Erklärung dafür ist, dass technisch gesehen sechs Sigma einer Rate von 3,4 FpMM (Fehlern pro Million Möglichkeiten) entspricht.*

**50 % Verbesserungsrate**

Qualitätskritische Merkmale (so genannte „CTQs", engl. critical-to-quality characteristics) sind kundenkritische, prozesskritische und vorgabenkritische Merkmale für wichtige Produkte (materielle Güter oder Dienstleistungen) im Unternehmen. Ein Hauptziel von Six Sigma ist, die Fehlerquote von einzelnen CTQs pro Jahr im Durchschnitt um 50 % zu reduzieren, d. h. z.B. 50 % weniger fehlerhafte Transaktionen, Beschwerden, Rücknahmen, Nacharbeit, Produktionsausfälle, Lieferverspätungen und zu lange Antwortzeiten.

In einer Zeit, in der das geschäftliche Umfeld immer mehr von „lean and mean" (schlank und hart) geprägt ist, werden Breakthrough-Verbesserungen immer wichtiger. Nehmen wir das Beispiel eines Obstbaums, der viele Früchte trägt (Bild 6). Die Früchte stehen für mögliche, erfolgversprechende Projekte. Es reicht heute nicht aus, einfach anzufangen und die Früchte einzusammeln. Man braucht ein Konzept und auch entsprechendes Change Management. Darüber hinaus müssen sich Führungskräfte folgende Fragen stellen: Erstens, warum gibt es überhaupt so viele Früchte? Zweitens, gibt es wirklich so wenige hoch hängende Früchte und warum sollte ein moderner Verbesserungsansatz angewendet werden, um diese wenigen hoch hängenden Früchte zu ernten? Drittens, wenn wir eine strategische Initiative umsetzen, sollte diese dann nicht in erster Linie den Stamm und die Äste des Baums verbessern? Six Sigma-Unternehmen, die sich auf den Stamm und die Äste konzentrieren, erzielen Breakthrough-Verbesserungen im Gegensatz zu denen, die sich nur auf die Früchte konzentrieren, also ständige Verbesserungen durchführen.

Prozessverbesserung    Redesign/Neues Design    Unternehmensstrategie

**Bild 6:** *Breakthrough-Verbesserungen fordern Konzentration auf den Stamm und die Äste und nicht nur auf die Früchte.*

Breakthrough-Verbesserungen werden erzielt, wenn Organisationen mit allen Six Sigma-Aktivitäten auf pragmatische Weise Ergebnisse anstreben, die von strategischer Bedeutung sind. Dies bedeutet auch, dass sie den Rahmen der Initiative ausweiten und in neue Bereiche und Funktionen des Unternehmens vordringen, die einen starken Einfluss auf die Unternehmensstrategie haben. Hier wird Six Sigma zu einem wichtigen „Chromosom in der DNA" des Unternehmens dadurch, dass Six Sigma für Prozessverbesserungen, Designverbesserungen, Projektmanagement und Entwicklungsprozesse angewendet wird. Um die Breakthrough-Effekte von Six Sigma zu veranschaulichen, haben wir ein Modell entwickelt, das die vier Hauptanwendungsbereiche von Six Sigma zeigt (Bild 7). Das Modell umfasst auch den konzeptionellen Rahmen und den Einführungsprozess.

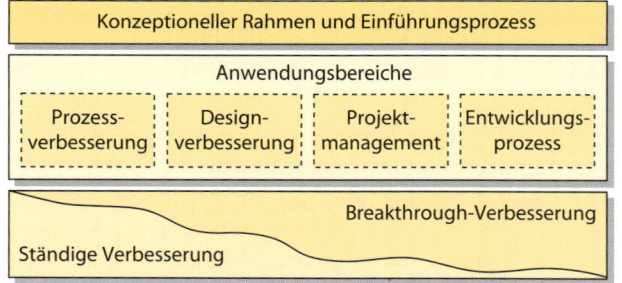

**Bild 7:** *Das Six Sigma Breakthrough-Modell. Breakthrough-Verbesserungen entstehen, wenn das Augenmerk nicht nur auf Prozessverbesserungen, sondern auch auf Designverbesserungen, Projektmanagement und Entwicklungsprozesse gerichtet wird. Der konzeptionelle Rahmen und der Einführungsprozess sind unterstützende Elemente, die auf allen Organisationsebenen professionell wahrgenommen werden müssen, um mit Six Sigma erfolgreich zu sein.*

### WAS BRINGT ES?

Die mit Six Sigma verbundenen Vorteile bestehen im weitesten Sinne darin, positiv zum ROI des Unternehmens beizutragen. Durch die Verbesserungsprojekte werden die Nettogewinnspanne und der Gesamtumsatz erhöht, indem die Einnahmen erhöht werden und/oder Verbesserungspotenzial bei variablen Kosten, Fixkosten, Umlaufvermögen und Anlagevermögen genutzt wird. Im Allgemeinen zielen Projekte für ständige Verbesserungen oft auf variable Kosten ab, d. h. Kosten, die sich auf die verkauften Produkte beziehen, denn diese Kostenart ist für kurzfristige Verbesserungen sehr gut geeignet. Breakthrough-Verbesserungsprojekte konzentrieren sich auf große Reduzierungen der variablen Kosten, aber genauso auch auf die Steigerung der Einnahmen, Reduzierung der Fixkosten, sogar auf die Verbesserung der Effizienz des Umlauf- und Anlagevermögens. Dabei ist jedoch klar, dass diese Projekte oft größere strukturelle Eingriffe erfordern (Bild 7).

Das Erzielen beträchtlicher, dokumentierter Beiträge zum Geschäftsergebnis ist der Hauptgrund für die Popularität von Six Sigma in der Industrie. Allein für das Jahr 2000 hat GE (General Electric Company) mit Six Sigma Einsparungen in Höhe von 3 Mrd. US$ realisiert und AlliedSignal (jetzt Honeywell) berichtet von 500 Mio. US$ Einsparungen für das Jahr 1998. ABB berichtet vom Segment Power Transformers, dass die erzielten Kosteneinsparungen von einigen Tausend US$ bis über eine halbe Million pro Jahr und Werk reichen. Alle Kostenreduzierungen müssen streng nach vorgegebenen Regeln kalkuliert und vom Management bestätigt werden.

**Volvo Cars**

Volvo Cars ist eines der Unternehmen, die mit Six Sigma sehr erfolgreich sind. Es startete seine Six Sigma-Initiative im Jahr 2000. Bis Ende 2002 hat die Initiative mit über 55 Mio. Euro zu einer beträchtlichen Verbesserung des Geschäftsergebnisses beigetragen. Zusätzlich hat sie in hohem Maße zu dokumentierten Verbesserungen der Kundenzufriedenheit geführt. Volvo Cars hat mehr als 3 000 Mitarbeiter vom Top-Management bis hin zu den Produktionsarbeitern ausgebildet.

Six Sigma leistet nicht nur erhebliche Beiträge zu den Geschäftsergebnissen, sondern auch:

▶ eine Breakthrough-Verbesserungsstrategie mit der Möglichkeit, die Leistungen eines Unternehmens dramatisch zu verbessern,

▶ einen pragmatischen Ansatz, der eine enge Verknüpfung von strategischen Zielen (insbesondere Unternehmensergebnis) und den zu ihrer Erreichung erforderlichen Mitteln liefert,

▶ ein umfassendes Ausbildungsprogramm auf allen Ebenen der Organisation für bestimmte Rollen und Verantwortlichkeiten,

▶ einen umsetzungsfreundlichen konzeptionellen Rahmen,

▶ eine erfolgreiche Mischung von Verbesserungsmethoden und -werkzeugen,

▶ die Konzentration auf qualitätskritische Merkmale (CTQs) von Produkten,

▶ ein tief greifendes Verständnis von Variation und Reduzierung von Variation,

▶ eine Entscheidungsfindung auf der Grundlage von Fakten,

▶ eine langfristige Initiative, die harte Arbeit und große Aufmerksamkeit aller an Schlüsselprozessen und wichtigen Hilfsfunktionen Beteiligten sowie von Kunden und Lieferanten erfordert.

### 1/3 aller Six Sigma-Initiativen misslingt

Es gibt Unternehmen, denen die Einführung von Six Sigma nicht gelungen ist. Auf Grundlage unserer jahrelangen Erfahrungen bei ABB und anderen Unternehmen sind wir zu dem vorläufigen Schluss gekommen, dass ungefähr 1/3 der Unternehmen mit Six Sigma Breakthrough-Verbesserungen erreicht, die beträchtlich zum Erreichen der strategischen Zielsetzungen beitragen, 1/3 der Unternehmen erzielt kurzfristige Verbesserungen und 1/3 scheitert vollkommen und verschwendet damit Geld für diese Initiative.

Wir behaupten, dass das Drittel gescheiterter Six Sigma-Initiativen weniger auf Six Sigma an sich zurückzuführen ist, sondern vielmehr auf organisationsspezifische Umstände wie fehlendes Wissen über Verbesserungskonzepte, fehlendes Commitment des Top-Managements, Resistenz in der Unternehmenskultur und fehlende Anstrengung.

Die beiden ersten Gruppen, also 2/3 der Six Sigma-Initiativen, erreichen beträchtliche Erfolge hinsichtlich Unternehmensergebnisse, Kundenzufriedenheit, Wettbewerbsvorteile sowie Produkt- und Prozessleistungen.

## WIE GEHE ICH VOR?

Zu Beginn einer Six Sigma-Initiative werden normalerweise ständige Verbesserungen durch Prozessverbesserungen in bestimmten, abgegrenzten Bereichen angestrebt, üblicherweise in der Produktion eines herstellenden Unternehmens und im wichtigsten Geschäftsbereich eines Dienstleistungsunternehmens. Ein Hauptkatalysator dafür sind die gründlichen Six Sigma-Ausbildungskurse. Stabilisiert sich die Initiative im Laufe der Zeit, ist es jedoch äußerst wichtig, den Anwendungsbereich auszuweiten und sich Breakthrough-Verbesserungen zuzuwenden. In dieser Transformationsphase muss sich Six Sigma nicht nur auf andere Schlüsselprozesse, sondern auch auf die wichtigsten Hilfsfunktionen ausbreiten. Letztere beeinflussen hauptsächlich die Leistung von Lieferanten, internen Abläufen und Lieferungen an Kunden. Dazu gehören auch solche Hilfsfunktionen wie Bedarfsplanung, Lagerplanung, Kapazitätsmanagement, Logistikplanung, Materialplanung, Beschaffung, Anfragen/Auftragsannahme, Lagerbefüllung, Produktions- und Logistikabläufe. Außerdem müssen auch die Entwicklungsabteilungen sowie die Gruppe der Produktionsplaner mit in die Initiative einbezogen werden.

**Six Sigma ist nicht nur Prozessverbesserung**

Ein Hauptgrund für den Erfolg von Six Sigma-Initiativen ist das Commitment des Top-Managements. Die etwa zu einem Drittel misslungenen Six Sigma-Initiativen scheitern oft daran, dass sie zu sehr auf Prozessverbesserung ausgerichtet sind und wenig Breakthrough-Elemente enthalten. Six Sigma hebt sich erst von anderen Verbesserungsansätzen deutlich ab, wenn es auf Designverbesserung, Projektmanagement und Entwicklungsprozesse angewendet wird. Dann erhält es auch das erforderliche Commitment des Top-Managements.

Wie bereits früher erwähnt, ist es eine Voraussetzung für Breakthrough-Verbesserungen, dass die Verbesserungsprojekte direkt mit den strategischen Zielen des Unternehmens gekoppelt sind. Oft scheint es, als ob die strategischen Ziele weit entfernt sind von der Umsetzungsebene, auf der Verbesserungsaktivitäten beginnen können. Die nachfolgende Illustration zeigt jedoch, dass der Weg zur Umsetzung tatsächlich sehr kurz ist (Bild 8).

Trotz aller Erläuterungen zu ständigen Verbesserungen, Breakthrough-Verbesserungen und Ergebnissen sind es Menschen, die Six Sigma anwenden und zum Erfolg führen. Um das Potenzial von Six Sigma zu entfalten, müssen die Mitarbeiter die Six Sigma-Vision teilen und die Notwendigkeit für Verbesserungen auf allen Ebenen der Organisation erkennen. Zum Teil, weil sie sehen, dass diese Verbesserungsprojekte zu einem besseren Arbeitsumfeld führen werden (z. B. leichtere Arbeit, weniger Lieferverspätungen), zu sichereren Arbeitsplätzen und in manchen Fällen sogar zu einem Anreizsystem, mit dem ein bestimmter Anteil der erzielten Einsparungen als Bonus gewährt wird. Entscheidend für die Einbeziehung von Menschen in die Six Sigma-Initiative ist ein gutes und durchdachtes Kommunikations- und Change Management. Hier müssen solche Aspekte wie Entscheidungsfreiheit, Respekt, Gefühle, Zeit, Glaubwürdigkeit und eine einheitliche Sprache berücksichtigt werden.

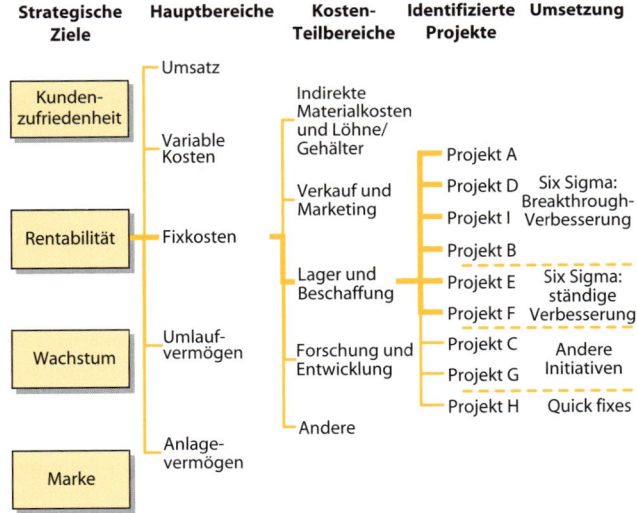

**Bild 8:** *Der Zusammenhang von strategischen Zielen und Six Sigma-Projekten. Die Illustration zeigt, wie Rentabilität und Six Sigma-Projekte durch Fixkosten und Lager/Beschaffung miteinander verbunden sind. Ähnliche Verbindungen existieren für alle strategischen Ziele und deren Hauptbereiche.*

# 2    Konzeptioneller Rahmen

Strategische Initiativen, zu denen auch Six Sigma gehört, unterscheiden sich durch ihre Verbesserungsschwerpunkte, Anwendungsbereiche und Rahmenkonzepte voneinander. Wie bereits im Kapitel 1 erläutert, geht es bei Six Sigma um die Reduzierung von Variation zur Erreichung strategischer Ziele (insbesondere zur Verbesserung der Geschäftsergebnisse). Die Anwendungsbereiche von Six Sigma sind Prozessverbesserung, Designverbesserung, Projektmanagement und Entwicklungsprozesse (siehe Bild 7).

Der konzeptionelle Rahmen von Six Sigma umfasst die vier Elemente Commitment der Unternehmensleitung, Einbeziehung der Stakeholder, Ausbildungsprogramm und Messsystem (Bild 9). Unter Stakeholder sind die Anspruchs- oder Interessengruppen zu verstehen, die im Wesentlichen Kunden, Mitarbeiter, Eigentümer und Lieferanten umfassen.

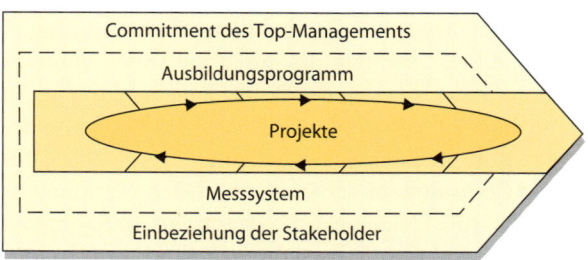

**Bild 9:** *Der konzeptionelle Rahmen von Six Sigma mit den vier Hauptelementen sowie den Projekten*

Im Mittelpunkt des konzeptionellen Rahmens befinden sich die Projekte, unterstützt durch die Sieben-mal-sieben-Toolbox. Sie stehen im Mittelpunkt von Six Sigma. Abhängig vom Anwendungsbereich und vom Umfang nehmen die Projekte verschiedene Formen an:

▶ Prozessverbesserungen folgen immer der vorgegebenen DMAIC-Methode (englische Abkürzung für definieren, messen, analysieren, verbessern, überwachen), siehe Kapitel 4;

▶ Designverbesserungen folgen meistens der DMADV-Methode (englische Abkürzung für definieren, messen, analysieren, entwickeln, überprüfen), siehe Kapitel 5;

▶ Six Sigma im Projektmanagement strebt die Integration von Six Sigma in Projektmanagementmodelle im Unternehmen an, siehe Kapitel 6;

▶ Six Sigma in Entwicklungsprozessen strebt eine systematische Integration von Six Sigma in Entwicklungsprozesse im Unternehmen an, siehe Kapitel 7.

### Commitment des Top-Managements

Six Sigma in einem Unternehmen einzuführen ist eine strategische Entscheidung, die durch die Unternehmensleitung getroffen werden muss. Zusätzlich ist, abhängig vom Umfang der Six Sigma-Initiative – unternehmensweit oder in einem bestimmten Bereich oder einer Abteilung –, unbedingt das Commitment der jeweils höchsten Führungsebene erforderlich. Alle Elemente des konzeptionellen Rahmens sowie die formalisierte Verbesserungsmethode benötigen die Unterstützung der Unternehmensleitung, um die erhofften Erträge zu erbringen. Unsere jahrelangen Erfahrungen haben gezeigt, dass der Erfolg von Six Sigma in hohem Maße von der Fähigkeit der Unternehmensleitung abhängt, sich auf lange Sicht für Six Sigma zu verpflichten. Weiterhin ist zu beachten, dass je stärker Six Sigma auf Breakthrough-Verbesserung ausgerichtet ist, desto mehr Engagement und stärkeres Commitment von der Unternehmensleitung verlangt werden.

 **Top-Management-Commitment in der Praxis**
- Verfassen einer Erklärung der Unternehmensleitung zu Six Sigma;
- Teilnahme an Six Sigma-Ausbildungskursen;
- Verfolgen von Projektfortschritten und Würdigung von Projektberichten;
- Auszeichnen von Projektgruppen für die erfolgreiche Durchführung von Verbesserungsprojekten;
- ständige Teilnahme an Besprechungen des Six Sigma-Lenkungsausschusses;
- Auswahl und Betreuung von Black Belts, den Vollzeit-Verbesserungsexperten;
- regelmäßiges Überprüfen des Fortschritts der Six Sigma-Umsetzung;
- sicherstellen, dass Six Sigma auf der Tagesordnung relevanter Besprechungen steht;
- Six Sigma bei verschiedenen Anlässen verfechten.

*Einbeziehung der Stakeholder*

Einbeziehung der Stakeholder heißt, die Vision von Six Sigma, die Reduzierung von Variation, die Methoden und Werkzeuge bei allen Stakeholdern zu verankern, in erster Linie bei den Mitarbeitern, aber auch bei Lieferanten und Kunden. Es müssen jedoch auch die Mittel zur Verfügung gestellt werden, um die Stakeholder mit geeigneten Verbesserungsmethoden und statistischen Werkzeugen auszustatten, die deren Einbindung in Verbesserungsaktivitäten ermöglichen. Die Stakeholder sind diejenigen, die Six Sigma in der Praxis ausführen. Sie realisieren Verbesserungen durch ihre Teilnahme an Ausbildungskursen, Mitwirkung in Projekten und durch das Sammeln von Daten.

### Konzentration auf Gruppen oder Einzelpersonen?

Six Sigma neigt dazu, sich auf Gruppen statt auf Einzelpersonen zu konzentrieren. Dies ist hauptsächlich ein Erbe des amerikanischen Ursprungs, wo teilweise vorausgesetzt wird, dass alle Mitarbeiter Trainings, Verbesserungsprojekten und dem Messsystem positiv und vorurteilslos gegenüberstehen. Dies ist aber selten der Fall, zumindest nicht in den meisten europäischen Ländern. Unsere Erfahrungen mit Six Sigma-Einführungen der letzten zehn Jahre haben uns auf faszinierende Weise gezeigt, wie Veränderungen sich von einem zum andern weiterentwickeln. Siehe Kapitel 3.2 Change Management.

Ein Schlüsselelement der Einbeziehung von Mitarbeitern besteht darin, ausgewählten Mitarbeitern auf allen Ebenen des Unternehmens bestimmte Rollen und Verantwortlichkeiten zuzuweisen. Als Bezeichnung für diese Rollen haben die meisten Six Sigma-Unternehmen das Gürtelsystem des Kampfsports übernommen (Bild 10). Es deckt alle Ebenen ab, vom designierten Champion auf der obersten Führungsebene und dem Master Black Belt für Ausbildungskurse über den Black Belt als Vollzeit-Verbesserungsexperte, dem Green Belt der Ingenieure und Meister bis hin zum White Belt der ausführenden Ebene.

Champions sind die Motoren, Verfechter und die bewährten Wissensquellen von Six Sigma. Diese Menschen gehören zu den erfahrensten Führungskräften der Organisation. Der Master Black Belt hat die Qualifikationen eines Black Belts und arbeitet in Vollzeit als Referent im Six Sigma-Ausbildungsprogramm. Er dient als Breakthrough-Experte, als Coach der Black und Green Belts und nimmt für die gesamte Organisation die Rolle eines Veränderungsmanagers wahr.

| Rollen: | | Position/Verantwortung: |
|---|---|---|
| Champion | | Mitglied der Unternehmensleitung/ Motor und Fürsprecher |
| Master Black Belt | | Vollzeitverbesserungsexperten/ Trainer und Ausbilder |
| Black Belt | | Vollzeitverbesserungsexperten/ Projektmanager und Spezialist |
| Green Belt | | Mittleres Management, Meister/ Projektmanager und Teammitglied |
| White Belt | | Arbeiter/ Teammitglied |

**Bild 10:** *Die Hierarchie der Six Sigma-Funktionen mit Rollen und Verantwortungsbereichen*

### Bedeutung der Master Black Belts

Interessanterweise betont eine wachsende Anzahl von Unternehmen die Rolle des Master Black Belts in ihrem Six Sigma-Ansatz, insbesondere indem sie ihr Hauptinteresse auf Breakthrough-Verbesserung richten. Sie treiben Six Sigma dadurch voran, dass sie mit leistungsfähigen Personalkonzepten die Master Black Belts rekrutieren, ausbilden und in ihren Organisationen halten.

In den meisten Unternehmen kommt den Black Belts die bedeutendste Rolle für die Umsetzung der Six Sigma-Aktivitäten im Tagesgeschäft zu. Die Kandidaten für die Black Belts werden unter den besten Nachwuchsführungskräften des

Unternehmens ausgewählt, gut ausgebildet und nach Abschluss des Black Belt-Kurses als Vollzeit-Verbesserungsexperten eingesetzt. In der Rollenbeschreibung der Black Belts ist festgelegt, dass ein Black Belt jährlich mindestens vier Verbesserungsprojekte mit einer Kostenersparnis von jeweils 200 000 Euro durchzuführen hat.

**Bereitstellung zeitlicher Ressourcen**

Die Master Black Belts und Black Belts sollten ihre Funktion in Vollzeit ausüben. Teilzeitlösungen sind sehr selten erfolgreich. Green Belts behalten ihre Jobs, ihnen muss jedoch Zeit für Six Sigma eingeräumt werden. Es ist die Aufgabe des Top-Managements, diese sicherzustellen, getreu dem Motto: „Von nichts kommt nichts."

Während White Belts typischerweise Arbeitern und Büroangestellten zugedacht sind, sind Green Belts für das mittlere Management, wie z.B. Ingenieur, Einkäufer, Planer oder Meister, vorgesehen. Die Einbeziehung der mittleren Führungsebene als Green Belts hat sich in Six Sigma-Initiativen als sehr erfolgreich erwiesen. Diese Gruppe wird nicht nur eingeladen, an Ausbildungskursen teilzunehmen, von ihr werden auch Ergebnisse im Bereich Verbesserung erwartet.

**Mitarbeitereinsatz**

Die Anzahl der für jede Rolle abgestellten Mitarbeiter in Six Sigma hängt von der Größe des Unternehmens und dem Umfang der Six Sigma-Initiative ab. Eine allgemeine Richtlinie sieht den Einsatz eines Black Belts pro 100 Mitarbeiter vor, ca. 20 Green Belts für jeden Black Belt und 20 Black Belts für jeden Master Black Belt. Was die Vergabe der White Belts betrifft, so ist es wünschenswert, auf dieser Ebene so viele Mitarbeiter wie möglich einzubeziehen.

Es ist übliche Praxis in Six Sigma-Initiativen, die wichtigsten Lieferanten in das Vorhaben mit einzubeziehen. Der Grund für diese Art der Zusammenarbeit liegt darin, dass Variationen in den Produkten der Lieferanten sich auf die Prozesse des Unternehmens übertragen und dass sich fast jede Prozessverbesserung auf der Lieferantenseite positiv auf die Leistungen des eigenen Unternehmens auswirkt. Normalerweise werden Lieferanten dazu angehalten, ihre eigene Six Sigma-Initiative zu starten. Dies kann z.B. durch Gespräche der beiden Unternehmensleitungen erfolgen oder dadurch, dass Vertreter der wichtigsten Lieferanten eingeladen werden, an internen Six Sigma-Ausbildungskursen teilzunehmen. Es gibt auch viele Beispiele von Six Sigma-Unternehmen, die ihre Vollzeit-Experten ausgewählten Lieferanten zur Verfügung gestellt haben, um diese zu beraten und an deren Verbesserungsprojekten teilzunehmen.

### Beschaffungsmanagement

Einige Six Sigma-Unternehmen haben auch ihr Beschaffungsmanagement und ihre Zusammenarbeit mit Lieferanten neu überdacht und weiterentwickelt. Fords Q1:2000-Standard ist ein hervorragendes Beispiel für ein umfassendes System für Lieferanten-Entwicklung (auch eigene Werke) und ist allgemein als Best Practice anerkannt. Es enthält deutliche Hinweise auf die Reduzierung von Variation mit direkten Empfehlungen, Six Sigma anzuwenden. Für Unternehmen, die keinen eigenen Lieferantenstandard entwickeln möchten, kann die ISO 9001:2000 in ihrer Zusammenarbeit mit Lieferanten hilfreich sein. Der mit der Revision der Normenreihe neu hinzugekommene Abschnitt 8 „Messung, Analyse und Verbesserung" ist ein Bereich, in dem Six Sigma-Unternehmen relativ einfach großes Verbesserungspotenzial realisieren können, indem sie als Vorbilder agieren und Anforderungen an Lieferanten stellen.

Das Verbessern von Kundenzufriedenheit ist entscheidend für Six Sigma-Initiativen. Dies geschieht hauptsächlich durch das Durchführen von Projekten zur Verbesserung interner Prozesse, so dass der Kunde Produkte (materielle Güter oder Dienstleistungen) mit gleich bleibender bzw. höherer Qualität erhält. Tatsächlich wird Six Sigma niemals den beabsichtigten Erfolg bringen können, wenn die Auswirkungen der internen Verbesserungsprojekte nicht die Kunden erreichen und diese von den Verbesserungen wiederum in ihren eigenen Prozessen profitieren können.

Zu Beginn von Six Sigma-Initiativen werden Kunden normalerweise durch Kundenumfragen an der Identifikation kundenkritischer Produktmerkmale beteiligt. Später werden sie dann weiter gehend einbezogen. Dow Chemical schreibt im vierten Quartalsbericht 1999, dass für ihre Six Sigma-Initiative nun die Zeit gekommen ist, „sich zuerst auf den Kunden zu konzentrieren". Einige Unternehmen lassen Kunden an ihren Six Sigma-Ausbildungskursen teilnehmen. Andere helfen ihren Kunden, die eigenen Prozesse zu verbessern. Die meisten Six Sigma-Initiativen benutzen beide Ansätze.

> **➡ Unzufriedenheit von Kunden**
>
> ABB, Bombardier, GE und andere Six Sigma-Unternehmen nutzen Daten über die Unzufriedenheit von Kunden als eine sehr wichtige Quelle für Prozess- und Designverbesserungen sowie sogar für Neuproduktentwicklungen.

### *Ausbildungsprogramm*

Mit Six Sigma ist eine umfassende Wissensbasis hinsichtlich Kundenorientierung, Prozessleistungen, Verbesserungsmethodik, statistischen Werkzeugen, Projektmanagement,

Veränderungsmanagement und vielem mehr verbunden. Dieses Wissen muss kaskadenförmig über die ganze Organisation verbreitet und zu Allgemeinwissen im Unternehmen werden. Genauso wie es in Six Sigma genau definierte Rollen vom White Belt bis zum Champion gibt, so gibt es auch weitgehend standardisierte Ausbildungskurse. Die Ausbildungskurse sind hauptsächlich auf die einzelnen Rollen ausgerichtet (Tabelle 2), es gibt aber auch einzelne Kurse speziell für Design for Six Sigma (DFSS).

In den meisten Unternehmen enthalten die Kurse zum Green und Black Belt zwischen den Trainingseinheiten praktische Verbesserungsprojekte, bei denen herausfordernde Kosteneinsparungsziele gesetzt werden. Von Teilnehmern des Kurses zum Green Belt verlangt man in der Regel ein Projekt, das zur Einsparung von mindestens 5 000 US$ führt, während Teilnehmer des Kurses zum Black Belt vier Verbesserungsprojekte durchführen müssen, von denen das letzte Projekt mindestens zu 50 000 US$ Kosteneinsparung führt. Dadurch soll sichergestellt werden, dass die Teilnehmer die Inhalte der Kurse verstanden haben und diese anwenden können, um in ihrem Unternehmen Kosteneinsparungen zu realisieren. Die Teilnehmer, die erfolgreich einen Kurs zum Green oder Black Belt abschließen, erhalten ein Zertifikat. So wie der Kursinhalt von Unternehmen zu Unternehmen unterschiedlich ist, gibt es auch kein einheitliches Six Sigma-Zertifikat. Obwohl keine formellen Zugangsvoraussetzungen für die Kurse bestehen, ist für Teilnehmer des Black Belt-Kurses ein grundlegendes Verständnis von Mathematik und Statistik sowie der unternehmensinternen Prozesse von Vorteil.

| Themen/ Dauer/ Zielgruppe | WB 1 Tag Alle | GB 4–6 Tage Mittlere Führungsebene | BB 13–17 Tage Verbesserungs-Experten | MBB 15–20 Tage Breakthrough-Experten | TM 1–3 Tage Führungsebene | DFSS 1–15 Tage Entwicklungsingenieure, BB, MBB |
|---|---|---|---|---|---|---|
| Six Sigma, Anwendungshintergründe und Grundlagen | X | X | X | X | X | X |
| Six Sigma, Anwendungsbeispiele | X | X | X | X | X | X |
| Einführungsprozess | | | X | X | X | |
| Variation verstehen | X | X | X | X | X | X |
| Rolle und Verantwortungsbereich | X | X | X | X | X | X |
| Prozessleistung – FpMM und Sigma | X | X | X | X | X | |
| Qualitätskritische Merkmale (CTQs) | X | X | X | X | X | X |

| Themen/ Dauer/ Zielgruppe | WB 1 Tag Alle | GB 4–6 Tage Mittlere Führungsebene | BB 13–17 Tage Verbesserungs-Experten | MBB 15–20 Tage Breakthrough-Experten | TM 1–3 Tage Führungsebene | DFSS 1–15 Tage Entwicklungsingenieure, BB, MBB |
|---|---|---|---|---|---|---|
| Kultur, Gruppen und Coaching | | | | X | | |
| DMAIC-Verbesserungsmethode | | X | X | | | |
| Design for Six Sigma, Einführung | | | X | X | | X |
| Design for Six Sigma, fortgeschritten | | | | | | X |
| Die sieben Management-Werkzeuge | | X | X | X | | |
| Die sieben Quality Control-Werkzeuge | X | X | X | X | | |
| Die sieben Kunden-Werkzeuge | | X | X | X | | |

| Themen/ Dauer/ Zielgruppe | WB 1 Tag Alle | GB 4–6 Tage Mittlere Führungsebene | BB 13–17 Tage Verbesserungs-Experten | MBB 15–20 Tage Breakthrough-Experten | TM 1–3 Tage Führungsebene | DFSS 1–15 Tage Entwicklungsingenieure, BB, MBB |
|---|---|---|---|---|---|---|
| Die sieben Schlankheits-Werkzeuge | X | X | X | X | | |
| Die sieben Projekt-Werkzeuge | | X | X | X | | |
| Die sieben Statistik-Werkzeuge | | X | X | X | | |
| Die sieben Design-Werkzeuge | | | X | X | | X |

**Tab. 2:** *Eine nicht abschließende Liste der Themen der sechs Standardkurse in Six Sigma, WB = White Belt, GB = Green Belt, BB = Black Belt, MBB = Master Black Belt, TM = Top-Management, DFSS = Design for Six Sigma*

**Investition in Ausbildung**

Die Six Sigma-Unternehmen nehmen das Ausbildungsprogramm des Six Sigma-Konzepts sehr ernst. Motorola hat von 1987 bis 1992 jährlich 50 Mio. US$ investiert. Der Return on Investment im selben Zeitraum betrug schätzungsweise 2,4 Mrd. US$, was einem Verhältnis von 1:29 entspricht. Im Jahre 1996 hat GE angeblich mehr als 250 Mio. US$ in die Ausbildung in Six Sigma investiert, im Jahre 1997 weitere 300 Mio. US$ und im Jahre 1998 ungefähr 450 Mio. US$. Dow Chemical investierte allein im Jahr 2000 mehr als 100 Mio. US$ mit 1,5 Mrd. US$ kumuliertem Gewinn.

Der Vorsitzende eines Dienstleistungsunternehmens resümierte in einem Seminar: „Der Schlüssel für Verbesserungen liegt im Wissen über Variation und den Erfahrungen, wie sie zu reduzieren ist." Mikel J. Harry, Vorsitzender der Six Sigma-Academy, sagte treffend: „Wenn Sie finden, dass Ausbildung zu viel kostet – versuchen Sie es einmal mit Ignoranz."

*Messsystem*

Jedes Six Sigma-Programm sollte ein Messsystem enthalten, das verrechnete Messwerte der Prozessleistung liefert. Der Einsatz eines Messsystems hat dieselbe Wirkung wie das Anbringen von Mikrofonen an den qualitätskritischen Merkmalen (CTQs, critical-to-quality characteristics) der Unternehmensprozesse, Produkte (materielle Güter oder Dienstleistungen) und Systeme. Werden alle Mikrofone miteinander verbunden, an einen Verstärker angeschlossen und wird das Volumen aufgedreht, erhält man einen verrechneten, zusammengefassten Output.

In ähnlicher Weise kann das aktuelle Leistungsniveau einer Organisation oder Organisationseinheit hinsichtlich qualitätskritischer Merkmale ermittelt werden. Durch wöchentliches oder monatliches Wiederholen dieser Vorgehensweise ist es möglich, Entwicklungen der Leistungen aufzuzeigen und diese mit den gesetzten Verbesserungszielen zu vergleichen (Bild 11). Das Messsystem dient auch dazu, neue Verbesserungsprojekte zu identifizieren, indem die Leistungswerte verschiedener qualitätskritischer Merkmale verglichen werden. In Six Sigma wird aus Gründen der Einfachheit nur eine einzige Maßeinheit zur Messung der Prozessleistung eingesetzt – Fehler pro Million Möglichkeiten (FpMM). Alternativ wird auch Sigma als Maßeinheit benutzt, FpMM dominiert jedoch.

Das Six Sigma-Messsystem wird somit in vielerlei Hinsicht zu einem einzigartigen und herausragenden Steuerungsinstrument für Führungskräfte aller Ebenen – eine

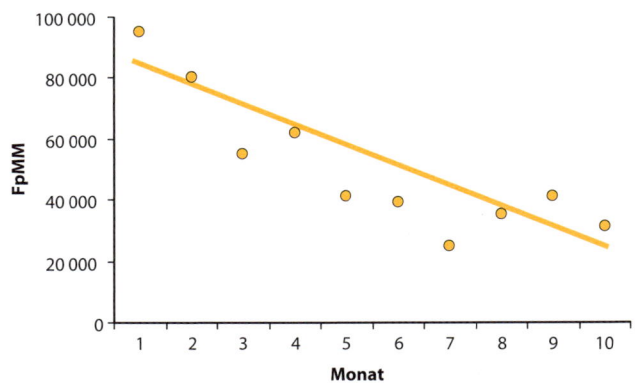

**Bild 11:** *Der Gesamt-FpMM-Wert der ersten zehn Monate der Six Sigma-Initiative eines ABB-Unternehmens in Australien*

Maßzahl für Leistung, dauerhaft, leicht verständlich und einfach zu vermitteln.

Mit dem Six Sigma-Messsystem wird die Leistung hinsichtlich qualitätskritischer Merkmale von Produkten, Prozessen und Systemen gemessen. Zur Identifizierung von qualitätskritischen Merkmalen in Six Sigma gilt es als Best Practice, die folgenden drei Arten von Merkmalen heranzuziehen: kundenkritische, prozesskritische und vorgabenkritische Merkmale (Bild 12). Von den als kunden-, prozess- oder vorgabenkritisch identifizierten Merkmalen gelten die wichtigsten als qualitätskritisch. D. h. die vorgeschlagenen Merkmale müssen wiederum evaluiert werden, um als qualitätskritisch zu gelten.

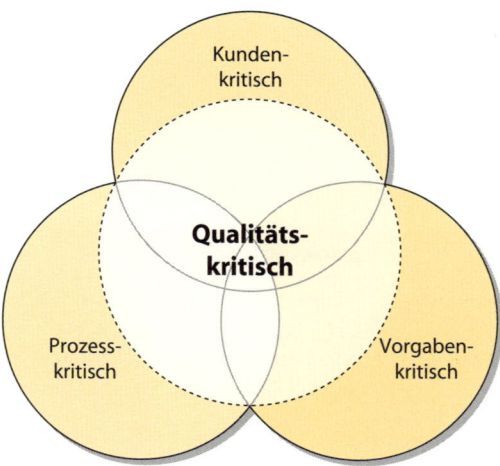

**Bild 12:** *Die drei Dimensionen der qualitätskritischen Merkmale (CTQs) eines Produkts, Prozesses und/oder Systems. Die vorgeschlagenen Merkmale müssen wiederum intensiv geprüft werden, um als qualitätskritisch zu gelten.*

**Identifizieren von CTQs**

- Kundenkritische Merkmale: Kundeninterviews, Kundenumfragen oder Kundendaten (z.B. Garantiefälle).
- Prozesskritische Merkmale: Beratung mit Produktionsingenieuren sowie in den Prozess eingebundenen Mitarbeitern, Produktionsberichte und Messungen.
- Vorgabenkritische Merkmale: gesetzliche Anforderungen, Richtlinien und Standards.

Die vorgeschlagenen Merkmale müssen wiederum intensiv geprüft werden, um als qualitätskritisch zu gelten.

**CTQs für Mineralwasserflaschen**

Nachdem die grundlegenden Prinzipien qualitätskritischer Merkmale den Teilnehmern eines Six Sigma-Kurses vertraut gemacht worden waren, ging es im Rahmen eines Brainstormings um das Identifizieren qualitätskritischer Merkmale einer Halbliterflasche für Mineralwasser (Tabelle 3).

| kundenkritisch | prozesskritisch | vorgabenkritisch |
|---|---|---|
| feste Verschlusskappe, angenehmes Trinken, liegt gut in der Hand, sauber, stabil, ästhetisch | feste Form, einfach zu etikettieren, einfach zu säubern, stabil, einfach zu befüllen, einfach zu transportieren | recyclinggerechte Flasche, umweltfreundlich, Normmenge, Normform |

**Tab. 3:** *CTQs einer Halbliterflasche für Mineralwasser, erarbeitet in einem Workshop*

Der Hauptzweck des Six Sigma-Messsystems besteht darin, eine verrechnete Zahl für die Prozessleistung ausgewählter, qualitätskritischer Merkmale (CTQs) zu ermitteln. Damit das Messsystem zufrieden stellend funktioniert, sind zwei Aspekte äußerst wichtig. Erstens muss man für jedes CTQ eine oder mehrere aussagefähige Messgrößen finden. Zweitens sind 80 verschiedene Merkmale, oder Mikrofone, heranzuziehen, um einen statistisch signifikanten, kumulativen FpMM-Wert für eine Organisationseinheit zu erhalten. Die Organisationseinheit ist im Allgemeinen eine Produktionsstätte, eine Kundenserviceeinheit oder ein kleineres Unternehmen.

### Leistungsermittlung von CTQs

Die hohe Bedeutung von CTQs führt oft zur Messung von Einsatzfaktoren ($xs$) des Prozesses, zu dem das qualitätskritische Merkmal gehört. Nehmen wir das Beispiel „Erfolgreiche Telefongespräche" (CTQ). Die meisten großen Six Sigma-Dienstleistungsunternehmen, wie GE Capital oder American Express, erfassen z.B.:

- die Anzahl der Klingelzeichen bzw. die Zeit bis zum Abheben des Telefonhörers ($x$),
- wie oft der Anrufer weitergeleitet wurde, bis er den gewünschten Gesprächsteilnehmer am Apparat hatte ($y$), und
- die Dauer des Telefonats ($y$).

In definierten Intervallen, meist wöchentlich oder monatlich, werden an relevanten Prozessen für die ausgewählten qualitätskritischen Merkmale Daten erhoben und wird die Prozessleistung für jedes einzelne Merkmal errechnet ($FpMM_{Merkmal}$), bevor für die gesamte Organisationseinheit eine konsolidierte Zahl für die Prozessleistung ($FpMM_{Gesamt}$) ermittelt wird (Bild 13). Die konsolidierte Zahl wird durch einfaches Berechnen des Durchschnitts aller Messergebnisse der Einzelmerkmale ermittelt. Hier könnte auch ein gewichteter Durchschnitt ermittelt werden, der die Bedeutung jedes Merkmals oder die Anzahl der Fehlermöglichkeiten berücksichtigt. Meistens wird jedoch die einfachste und pragmatischste Lösung gewählt, d.h. die Prozesse innerhalb eines Unternehmens werden alle als gleich wichtig betrachtet und es erfolgt keine Gewichtung.

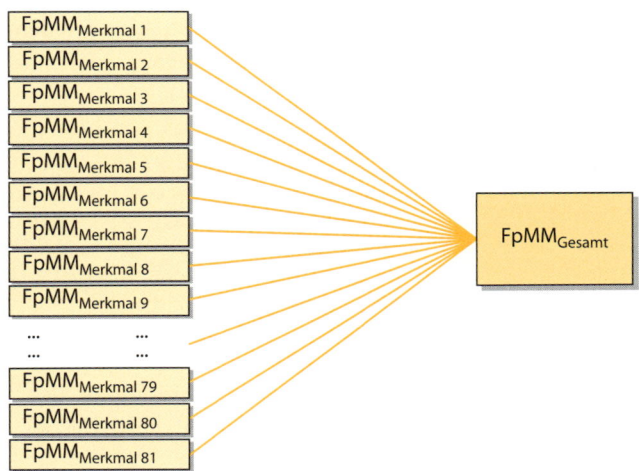

**Bild 13:** *Struktur des Six Sigma-Messsystems*

Es gibt zwei Arten von Merkmalen – kontinuierliche und diskrete Merkmale. Beide können in das Messsystem integriert werden. Kontinuierliche Merkmale können jeden gemessenen Wert auf einer kontinuierlichen Skala annehmen, was kontinuierliche Daten ergibt, wie z.B. Länge, Feuchtigkeit, Masse und Temperatur. Diskrete Merkmale werden durch Zählung ermittelt und liefern attributive Daten, wie z.B. richtig/falsch, gut/schlecht, ja/nein, akzeptabel/nicht akzeptabel oder anwesend/abwesend.

**Weitere Verrechnungsmöglichkeiten**

Der verrechnete Leistungswert für eine bestimmte Produktgruppe ($FpMM_{Produktgruppe}$), eine Dienstleistung ($FpMM_{Dienstleistung}$), ein Projekt ($FpMM_{Projekt}$) oder einen bestimmten Prozess ($FpMM_{Prozess}$) kann genauso wie für eine Organisationseinheit ($FpMM_{Gesamt}$) verrechnet werden. Dies erfolgt durch Berechnen der Durchschnittswerte für die Merkmale einer bestimmten Produktgruppe, Dienstleistung, eines bestimmten Projekts oder Prozesses.

**Sigma oder FpMM benutzen?**

Das Maß Sigma ist aufgrund der Bezeichnung des Six Sigma-Konzepts sehr beliebt geworden. Die Berechnung dieser Maßzahl ist jedoch weit komplexer als FpMM. Analysen von Messungen kontinuierlicher Merkmale über einen längeren Zeitraum hinweg haben gezeigt, dass sich der Mittelwert für Kurzzeitdaten im Verlauf der Zeit tendenziell verschiebt und dass die Größe der Verschiebung innerhalb von 1,5 σ liegt. Sigma ist ein Kurzzeitmaß und kann auf das Langzeitmaß FpMM umgerechnet werden, indem die Verschiebung des Mittelwerts von kurzfristigen Verteilungen um ±1,5 σ auf lange Sicht einbezogen wird (siehe Bild 5 im Kapitel 1). Im Anhang 2 ist eine Umrechnungstabelle für FpMM-Werte in Sigma-Werte und umgekehrt. Heute sind einige Six Sigma-Experten der Meinung, dass es für Six Sigma eine erhebliche Vereinfachung darstellen würde, den gesamten Kurzzeit-Aspekt zu vernachlässigen und nur langfristige Leistungen zu berücksichtigen. In Fällen, in denen nur Kurzzeitdaten vorhanden sind, hauptsächlich bei der Neuentwicklung von Produkten und im Projektmanagement, können nur diese benutzt werden.

Zur Messung der Prozessleistung eines qualitätskritischen Merkmals gibt es verschiedene Maßeinheiten. Beispiele sind Fehleranteil in Prozent, ppm (parts per million), Fähigkeitsindizes (im Allgemeinen $C_p$, $C_{pk}$), Sigma-Werte und FpMM (Fehler pro Million Möglichkeiten). Die in Six Sigma bevorzugt angewandte Maßeinheit ist FpMM, gefolgt von Sigma. Abhängig von der Anzahl der Messungen und der Art der Daten gibt es zwei grundlegende Methoden, mit denen anhand von FpMM die Leistungswerte eines Merkmals ermittelt werden können (Bild 14). Sie gehen beide von der Annahme aus, dass die Daten über eine bestimmte Zeitspanne hinweg ermittelt worden sind, d.h. über mehrere Produktionsläufe oder Dienstleistungszyklen hinweg innerhalb des

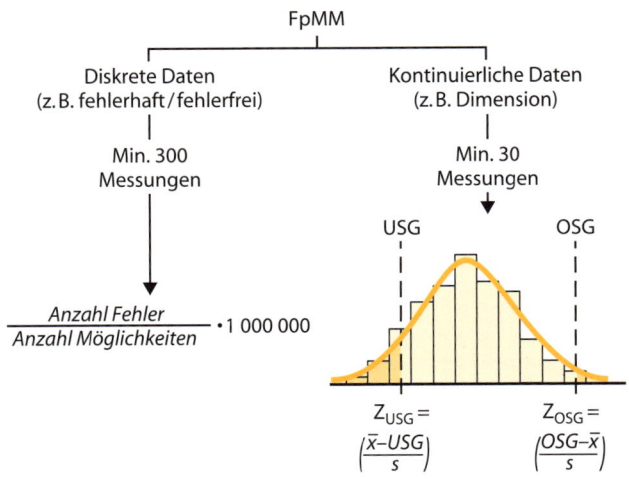

**Bild 14:** *Ein vereinfachter Überblick über die Ermittlung von Prozessleistung anhand von FpMM*

Bereichs, der gemessen werden soll. Bei Kurzzeitmessungen dagegen gelten andere Vorgehensweisen.

 **FpMM**

Nehmen wir das Beispiel eines Dienstleistungsprozesses, bei dem innerhalb eines Monats bei 40 von 1 600 Transaktionen Fehler gemessen wurden. Hier liegt also ein diskretes Merkmal vor, denn jede Transaktion wird entweder als fehlerhaft oder fehlerfrei beurteilt. Die Prozessleistung für diesen Monat liegt bei 25 000 FpMM (= 40 / 1 600 * 1 000 000).

Im selben Unternehmen wurden auch die Antwortzeiten von Telefongesprächen gemessen, die beim Kundenservice eingehen, es liegt also ein kontinuierliches Merkmal mit einer einseitigen oberen Toleranzgrenze von 16 Sekunden vor. Der Mittelwert der 50 Messungen wurde mit 11 Sekunden und die Standardabweichung mit 2 Sekunden berechnet. Die Prozessleistung liegt damit bei 6 210 FpMM, wie die Normalverteilungstabelle für $Z_{OSG} = (16 - 11) / 2,0 = 2,5$ zeigt, was einer Fläche von 6,21 E–3 (0,00621) unter der Normalverteilungskurve entspricht (Anhang 1). Wird diese Fläche mit 1 000 000 multipliziert, da dies die Bezugsgröße zur Messung von FpMM ist, ergibt dies:

6,21 E–3 * 1 000 000 = 6 210 FpMM.

Wenn es sich um ein Merkmal mit zweiseitiger, d.h. oberer und unterer Spezifikationsgrenze handelt, dann wird die Prozessleistung aus der Fehlerwahrscheinlichkeit oberhalb und der Fehlerwahrscheinlichkeit unterhalb der Spezifikationsgrenze zusammengesetzt.

# 3   Einführungsprozess

Im Zuge der Verbreitung, ausgehend von Motorola und der elektrotechnischen Industrie über ABB, Allied Signal, American Express, GE und US Postal Services, haben sich zumindest drei Hauptansätze der Umsetzung von Six Sigma herausgebildet (Bild 15). Der erste und am weitesten gehende Ansatz (Breakthrough-Ansatz) ist die Einführung und Umsetzung von Six Sigma als unternehmensweite Strategie. Der zweite und am meisten verbreitete Ansatz ist die Einführung von Six Sigma als Verbesserungsprogramm in Teilen eines Unternehmens. Der dritte und minimalistische Ansatz ist die Integration von Six Sigma in bestehende Verbesserungskonzepte, hauptsächlich in Form einer Toolbox.

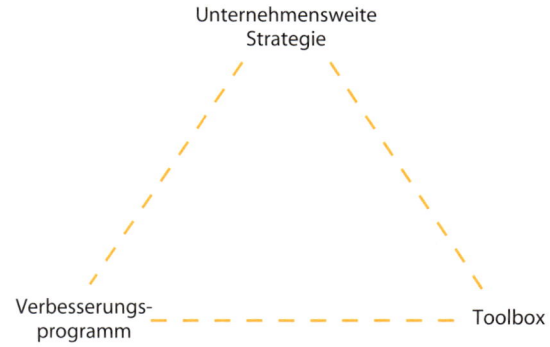

**Bild 15:** *Die drei Hauptansätze der Umsetzung von Six Sigma*

> 👍 **Der Zusammenhang der drei Umsetzungsansätze**
>
> Unternehmen, die Six Sigma als eine unternehmensweite Strategie einführen, erfahren automatisch auch die Gewinne der beiden anderen Ansätze. Unternehmen, die Six Sigma jedoch als Verbesserungsprogramm einführen, profitieren auch von der Toolbox. Unternehmen, die nur den Toolbox-Ansatz einführen, nutzen nicht die Vorteile der beiden anderen Umsetzungsansätze.

*Unternehmensweite Strategie*

Wird Six Sigma als Unternehmensstrategie auf oberster Organisationsebene eingeführt und in jeden Winkel des Unternehmens getragen, gilt es als eine unternehmensweite Strategie. Die Anzahl der Unternehmen, die diese Vorgehensweise gewählt haben, ist sehr begrenzt, aber die Liste umfasst einige der anerkanntesten Six Sigma-Unternehmen: American Express, Caterpillar, Deere, Ford, GE, Honeywell, LG, ITT und Motorola. Beachtenswert ist, dass gerade in diesen Fällen von den besten Ergebnissen vor dem Hintergrund einer Breakthrough-Verbesserung berichtet wurde und dass alle genannten Unternehmen in konsequenter Weise strategische Unternehmensziele mit Six Sigma-Verbesserungsprojekten verbinden.

Um die Six Sigma-Initiative eines Unternehmens als eine unternehmensweite Strategie zu kategorisieren, setzen wir voraus, dass diese im Jahresabschluss und/oder Quartalsbericht veröffentlicht wird, indem Zielsetzung, Fortschritt und Erfolge beschrieben werden. Es wird vom Top-Management absolute Überzeugung und großes Engagement verlangt, den Investoren und Stakeholdern im Vorhinein zu versprechen, dass Six Sigma die Geschäftsergebnisse und die Kundenzufriedenheit verbessern werde. Die Umsetzung folgt einem Top-down-Prozess, in dem der Vorstandsvorsitzende und seine Stellvertreter die Entscheidung zur Einführung von Six Sigma treffen und diese auf die folgenden Unternehmensebenen übertragen. Berichten führender Six Sigma-Unternehmen zufolge kann der Zeitrahmen für eine unternehmensweite Einführung auf ungefähr fünf Jahre geschätzt werden (Bild 16).

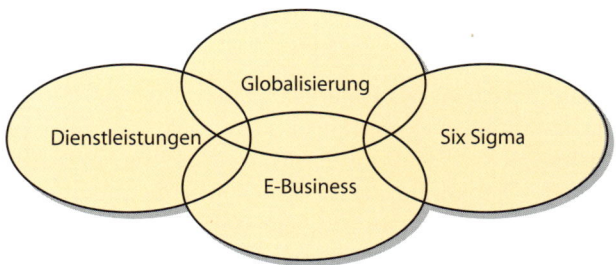

**Bild 16:** *Six Sigma als eine von vier unternehmensweiten Strategien bei GE*

## Verbesserungsprogramm

In den meisten großen genauso wie in kleinen Unternehmen wird Six Sigma als ein Verbesserungsprogramm eingeführt. In großen Unternehmen bedeutet dies, dass Six Sigma in einem Geschäftsbereich oder einer Gruppe von Niederlassungen oder Serviceeinheiten angewendet wird. Für kleinere Unternehmen bedeutet es, dass Six Sigma als eine interne Verbesserungsinitiative gestartet wird. Zweifellos stehen hinter der Einführung von Six Sigma als Verbesserungsprogramm auch strategische Überlegungen, aber der Ansatz ist normalerweise begrenzt und zudem freiwillig. Sie beginnen

daher mit Six Sigma, um Verbesserungspotenzial im Tagesgeschäft des Unternehmens zu nutzen, normalerweise indem
sie sich auf ständige Verbesserung in den frühen Phasen der
Umsetzung konzentrieren.

Was den Ursprung der Ausbreitung betrifft, so wird Six
Sigma normalerweise vom Innern des Unternehmens heraus
gestartet. Dies bedeutet, dass Six Sigma nicht von der Unter-
nehmensspitze ausgeht, sondern sich eher auf Grundlage der
Erfolge in einer oder mehreren Unternehmenseinheiten he-
rausentwickelt. Diese organisatorischen Einheiten können
durchaus Pilotstandorte oder Pilot-Service-Einheiten sein,
die – bei Erfolg und ausreichender Aufmerksamkeit in der
Unternehmenszentrale – dazu verhelfen können, dass Six
Sigma eine unternehmensweite Strategie wird. Das Commitment der Unternehmensleitung ist trotzdem erforderlich. Es
kommt in diesem Fall nicht von der obersten Führungs-
spitze, sondern von der Ebene, in der die Umsetzung er-
folgte.

Unserer Erfahrung als Six Sigma Champions, Ausbilder
und Berater nach dauert es ca. ein Jahr, um Six Sigma als ein
Verbesserungsprogramm in einer Organisationseinheit einzuführen – von den frühen Anfängen über Ausbildung, erste
Verbesserungsprojekte und dem Messsystem bis hin zu einem Stadium fruchtbarer, ständiger Verbesserungsaktivitäten. Breakthrough-Verbesserung ist in einigen dieser Fälle erreicht worden, aber danach wird Six Sigma hinsichtlich
Umfang und Intensität auf eine breitere Basis gestellt, da
erste Erfolge weitere Erfolge nach sich ziehen.

*Toolbox*

Eine dritte – aber schnell wachsende – Gruppe von Unternehmen ist zwar zu dem Schluss gekommen, dass Six Sigma unverzichtbar ist. Jedoch verpflichtet sich die oberste Unternehmensleitung nicht dazu, Six Sigma als unternehmensweite Strategie oder als Verbesserungsprogramm anzusehen. Die Alternative dazu besteht darin, die Six Sigma-Toolbox, in einigen Fällen auch die Verbesserungsmethoden (DMAIC und DMADV), in vorhandene Strategien und Verbesserungsprogramme zu integrieren. Dies erfordert kaum zusätzliches Commitment oder weitere Einbindung von Mitarbeitern. Es handelt sich hierbei um einen Umsetzungsansatz, in dem Six Sigma an sich nicht anerkannt wird, sondern lediglich die einzelnen Tools.

Eine alternative Verwendung dieses minimalistischen Ansatzes besteht darin, die Six Sigma-Methoden und die Toolbox zur allgemeinen Problemlösung oder in der Lösungs- und Umsetzungsphase von Analysen oder Audits, die in einem Prozess, einem Standort oder einer Service-Einheit durchgeführt wurden, zu nutzen.

Es ist wichtig zu beachten, dass die angewendeten Werkzeuge der Toolbox nicht Six Sigma-genuin sind. Sie sind nicht als Teil von Six Sigma entwickelt worden und spielen auch nicht die herausragende Rolle, wie manche glauben mögen. Was Six Sigma so erfolgreich gemacht hat, sind die Integration ausgewählter Verbesserungswerkzeuge mit den Verbesserungsmethoden sowie die Tatsache, dass das Konzept im Top-Management genauso wie in allen anderen Teilen der Organisation Aufmerksamkeit erlangt hat.

In unserem pragmatischen Ansatz von Six Sigma – angeregt durch die historische Figur des japanischen Samurais, der sieben Waffen beherrschte – hat sich über die Jahre eine praktische Sieben-mal-sieben-Toolbox bewährt. Diese Toolbox umfasst sieben Gruppen von Verbesserungswerkzeugen, wovon wiederum jede Gruppe sieben Einzelwerkzeuge enthält. Sie stellt eine leistungsfähige und leicht zu handhabende Toolbox dar, die sowohl für ständige Verbesserung als auch für Breakthrough-Verbesserung einsetzbar ist. Die sieben Werkzeuggruppen, angefangen von der grundlegendsten Gruppe (vornehmlich für ständige Verbesserung einsetzbar) bis zu der am weitesten fortgeschrittenen (vornehmlich für Breakthrough-Verbesserung einsetzbar), sind:

▶ die sieben Management-Werkzeuge,
▶ die sieben Quality Control-Werkzeuge,
▶ die sieben Kunden-Werkzeuge,
▶ die sieben Schlankheits-Werkzeuge,
▶ die sieben Projekt-Werkzeuge,
▶ die sieben Statistik-Werkzeuge und
▶ die sieben Design-Werkzeuge.

**Die vielen Verbesserungswerkzeuge**

Heute kann schon beinahe von einer Plage von Verbesserungswerkzeugen in vielen Büchern und anderen Medien gesprochen werden. Einige Six Sigma-Unternehmen scheinen einen Wettbewerb zu führen, wer die meisten oder weitreichendsten dieser Werkzeuge anwendet. Dieser Weg ist selten erfolgreich und wertschöpfend. Wir empfehlen deshalb die Sieben-mal-sieben-Toolbox.

Jedes Werkzeugset der Sieben-mal-sieben-Toolbox enthält sieben Werkzeuge. Sie stellen eine Mischung aus Techniken, Methoden und mentalen Modellen dar. Der Einfachheit halber werden sie in diesem Buch als Tools bezeichnet. Die 49

Tools der Sieben-mal-sieben-Toolbox sind im Bild 17 aufgeführt.

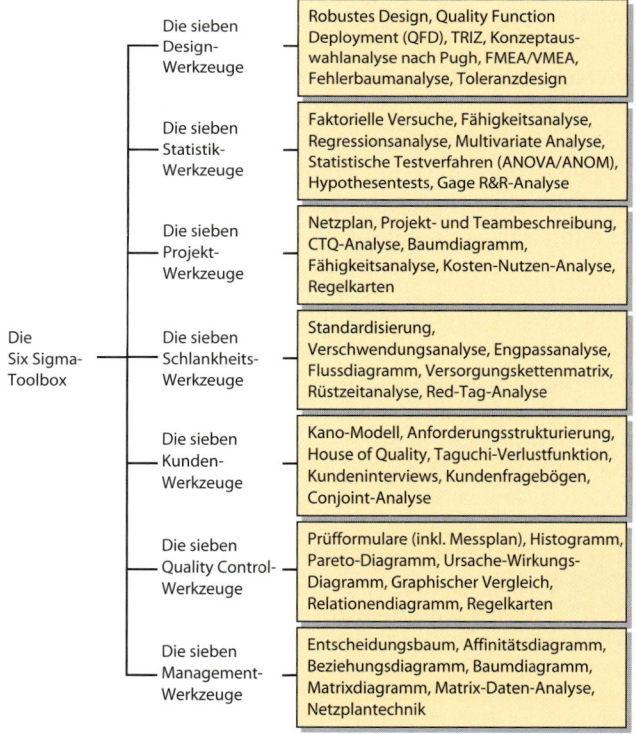

**Bild 17:** *Übersicht der Sieben-mal-sieben-Toolbox (siehe auch „Six Sigma umsetzen – Die neue Qualitätsstrategie für Unternehmen" und Pocket Power „Qualitätstechniken")*

> **Eine Besonderheit der Toolbox**
>
> Eine Besonderheit der Toolbox ist darin zu sehen, dass sie nur die Werkzeuge enthält und nicht das gesamte, damit verbundene Verbesserungskonzept. Nehmen Sie bspw. die Regelkarte, Setup-Time-Analyse, Red-Tag-Analyse und Faktorielle Versuche, die alle als eigenständige Werkzeuge dargestellt sind. Interessanterweise sind sie aus Verbesserungskonzepten gewählt, die häufig als Statistical Process Control (SPC), Single Minute Exchange of Die (SMED), Fünf S (5 S) und Design of Experiments (DOE) bekannt sind. Die Begründung für diese Vereinfachung ist in der Überlastung zu sehen, die eine Organisation treffen würde, führe sie alle diese Verbesserungskonzepte vollständig ein.

Wir erwarten von Master Black Belts und Black Belts, als die Verbesserungsexperten und „Werkzeugspezialisten" der Organisationen, dass sie die meisten dieser 49 Tools beherrschen.

## 3.1 Das 12-Schritte-Umsetzungsmodell

Bei der Einführung von Six Sigma empfehlen wir zwölf Schritte, das so genannte 12-Schritte-Umsetzungsmodell. Die Schritte können in vier verschiedene Implementierungsstufen eingeteilt werden – Anfang, Ausbildung, Messung und Verbesserung (Bild 18). Sie führen zu einem Reifestadium, in dem sowohl ständige als auch Breakthrough-Verbesserungen in direkten und indirekten Unternehmensbereichen erreicht werden und in dem auch Lieferanten und Kunden Beiträge liefern. Wird Six Sigma als unternehmensweite Strategie verstanden, kommen die zwölf Schritte ebenso zur Anwendung, aber typischerweise werden weiter entwickelte und noch umfassendere Umsetzungsmodelle genutzt. Bei der Umsetzung von Six Sigma als Toolbox wird das 12-Schritte-Modell nicht angewendet, da lediglich einzelne ausgewählte Schritte erforderlich sind.

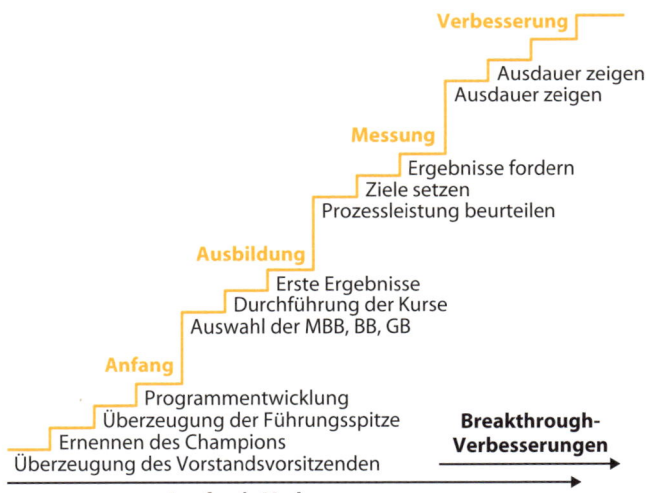

**Bild 18:** *Das 12-Schritte-Umsetzungsmodell, MBB = Master Black Belt, BB = Black Belt und GB = Green Belt*

 **Checkliste in der Anfangs-Phase**

• Sind die mit Six Sigma verfolgten Ziele und das persönliche Commitment für alle sichtbar?

• Sind Ressourcen, die nicht bereits ausgeschöpft sind, mit Six Sigma verbunden und zugeteilt?

• Sind die Pläne zur Umsetzung und die Aufgabenverteilungen realistisch?

• Sind die zu erwartenden Kosten und Kosteneinsparungen in den Budgets enthalten?

**Checkliste im fortgeschrittenen Umsetzungsstadium**

- Wird Six Sigma für ständige Verbesserung und auch für Breakthrough-Verbesserung eingesetzt?
- Ist Six Sigma sowohl in direkten als auch indirekten Unternehmensbereichen umgesetzt?
- Hat sich die Sprache von Six Sigma in der Organisation etabliert?
- Ist Six Sigma ein aktuelles Thema in den Vorstandssitzungen?
- Ist das Commitment des Top-Managements deutlich und ständig sichtbar?
- Haben alle Verbesserungsprojekte Auswirkungen auf den Gewinn?
- Werden die Vision und das Potenzial für Breakthrough-Verbesserung geteilt und verstanden – und wie sehen die Pläne zur Erreichung der Breakthrough-Verbesserung aus?

## 3.2 Change Management

In jeder sich verändernden Organisation hat man es mit Menschen zu tun. Die Elemente des konzeptionellen Rahmens von Sigma, wie das Ausbildungsprogramm, das Messsystem und die speziellen Rollen, setzen Veränderungsprozesse in Gang. Genau betrachtet, hängen diese Veränderungsprozesse jedoch von den Menschen in der Organisation ab, die Six Sigma anwenden werden. Durch systematisches Change Management kann dieser Veränderungsprozesses beschleunigt und es können nachhaltige Veränderungen von Einstellungen und Verhalten der Menschen in der Organisation sowie der Organisationskultur insgesamt erreicht werden. Dies ist eine komplexe Aufgabe, mit der viele Unternehmen, die Six Sigma einführten, weniger gut zurechtkamen.

Wir Menschen sind „Gewohnheitstiere", indem wir dazu neigen, Dinge so zu tun, wie wir es gelernt haben oder wie wir sie einfach schon immer getan haben. Six Sigma fordert von den Mitarbeitern der Organisation nicht nur die Änderung kleiner Gewohnheiten, sie fordert eine Veränderung ihrer gesamten Denkweise. Dazu kommt, dass die Verbesserungsergebnisse und die Veränderungen in der Organisation relativ schnell Wirkung zeigen sollen. Dies erfordert, dass Mitarbeiter auf allen Ebenen Beiträge liefern und das Konzept mittragen. Um dies zu sichern, müssen in den meisten Kulturen zumindest sechs Aspekte des Change Managements berücksichtigt werden:

▶ Entscheidungsfreiheit – Alle müssen die Freiheit haben, Six Sigma und die damit verbundenen Änderungen objektiv zu beurteilen.

▶ Respekt – Respekt füreinander ist in vielerlei Hinsicht ein Katalysator für Selbstwertgefühl und Änderungswillen.

▶ Gefühle – Alle möchten fühlen (auf unterschiedliche Weise), dass sie bedeutend sind, dass sie ernst genommen werden, dass sie wertvolle Beiträge liefern und an der Entwicklung im Unternehmen teilhaben.

▶ Zeit – Wirkliche Veränderungen brauchen Zeit.

▶ Glaubwürdigkeit – Veränderungen müssen auf der Glaubwürdigkeit der Menschen in der Organisation, insbesondere in der Zusammenarbeit zwischen der Unternehmensleitung und der restlichen Organisation beruhen.

▶ Eine einheitliche Sprache – Die verwendeten Worte und Ausdrücke müssen von den Empfängern richtig verstanden werden und die beabsichtigten Vorstellungen erzeugen.

Wie sollte sich also ein Unternehmen verhalten, das die menschlichen Aspekte von Six Sigma ernst nehmen möchte? Leider gibt es auf diese Frage keine eindeutige Antwort. Es hängt viel vom organisatorischen Umfeld und der Geschichte früherer Verbesserungskonzepte des Unternehmens ab. Es gibt jedoch einige allgemeine Hinweise, die lohnenswert sein können.

Die ersten Phasen der Umsetzung von Six Sigma betreffen sehr stark strukturelle Veränderungen, d.h. Entwickeln von Ausbildungsplan, Messsystem und Projektdatenbank. Bei dieser Arbeit ist es wichtig, nicht die Menschen zu vergessen und zu berücksichtigen, dass sich die Menschen im Zuge der strukturellen Veränderungen anpassen werden. Allgemein gültige Automatismen kann es nicht geben. Die Six Sigma-Führungskräfte müssen verstehen, welche Haltung die Mitarbeiter zum Unternehmen und dem Verbesserungskonzept haben. Stimmen die Vorstellungen der Mitglieder der Organisation nicht mit den Grundzügen von Six Sigma überein, müssen weitere Anstrengungen unternommen werden, die Mitarbeiter in die gewünschte Richtung zu entwickeln. Hierfür können Coaching, Workshops und Gruppenarbeit wertvolle Beiträge liefern. Hierdurch werden die Menschen auf die kommenden Veränderungen vorbereitet und diesen offener gegenüberstehen.

Ein anderer Ratschlag ist, Ziele für die Six Sigma-Verbesserungsinitiative zu setzen. Ziele vermitteln dem Einzelnen oft ein allgemeines Verständnis für die Bedeutung von Vorhaben. Ziele sind zugleich Möglichkeiten, etwas zu erreichen und positive Resonanz zu erhalten. Ein dritter Ratschlag besteht darin, die Organisation während der Einführung von Six Sigma genau zu beobachten. Hierfür können die bereits erläuterten Werkzeuge verwendet werden, aber auch formelle Umfragen zur Mitarbeiterzufriedenheit und zur Organisationskultur benutzt werden. Ebenso nützlich ist es, gut zuzuhören und positive sowie negative Signale aufzufangen und darauf zu reagieren.

Schlussendlich betrifft die Veränderung von Personen auch die oberste Unternehmensleitung selbst sowie die Mitglieder des Six Sigma-Lenkungsausschusses. Wenn sich Six Sigma von allgemeinen Änderungsprozessen abheben möchte, in denen „jemand" in der Unternehmensleitung glaubt, dass „die anderen" sich ändern müssen, muss sich auch „jemand" ändern. Häufig beruhen die Abläufe und Prozesse auf oberster Führungsebene auf subjektiven Beurteilungen statt auf Tatsachen, sind sporadisch statt systematisch und sie sind mit einer hohen Fehlerquote behaftet. (Siehe auch Pocket Power „Change Management").

# 4    Prozessverbesserung

**WORUM GEHT ES?**

Durch Prozessanalysen und -messungen kommt oft zum Vorschein, dass Prozesse Verbesserungspotenzial hinsichtlich qualitätskritischer Merkmale aufweisen. Im Sinne eines weiteren Verständnisses von Prozessleistung kann das bedeuten: Unvorhersagbarkeit, große Variation und/oder schlechte Prozesslage. Bei Prozessen können qualitätskritische Merkmale Lieferpünktlichkeit, Dimension, Ressourcenverbrauch, Durchlaufzeit, Maschinenauslastung, Betriebsmittelverfügbarkeit und Emissionen umfassen. Es ist ein normaler Befund, dass alle Prozesse Verbesserungspotenzial in sich tragen, unabhängig von ihrer Prozessleistung.

Deshalb sollten die folgenden Fragen bei der Prozessarbeit berücksichtigt werden:

▶ Reicht Prozessverbesserung aus?
▶ Ist der Prozess reif genug für Verbesserung?
▶ Wie substanziell ist das Verbesserungspotenzial?
▶ Wie ist die Wirkung auf die Geschäftsergebnisse?
▶ Wie kann der Prozess in systematischer und effektiver Weise verbessert werden?

Lassen Sie uns diese Fragen beantworten, so dass sie einen wertvollen Ansatz zur Prozessverbesserungsarbeit liefern? Erstens: Reicht Prozessverbesserung aus? Obwohl alle Prozesse Verbesserungspotenzial besitzen, wäre es in einigen Fällen überflüssig, mit Prozessverbesserungsprojekten zu beginnen. Dies ist in erster Linie der Fall, wenn das Prozess-, System- und/oder Produktdesign bereits so dürftig ist, dass auch Prozessverbesserung nicht zur Erfüllung der Anforderungen führt. In diesen Fällen ist es effektiver, sich dem Bereich der Designverbesserung zuzuwenden (siehe Kapitel 5). Wenn die Kluft zwischen Anforderungen und aktueller Prozessleistung gering ist, kann Prozessverbesserung empfohlen werden (Bild 19).

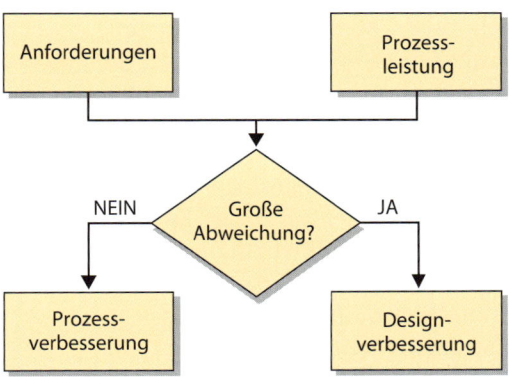

**Bild 19:** *Prozessverbesserung und Designverbesserung haben verschiedene Anwendungsbereiche.*

Zweitens: Ist der Prozess reif genug für Verbesserung? Prozessverbesserung führt zu guten Ergebnissen in einer Prozessumgebung, die strukturiert, entwickelt und transparent ist. Im Detail sollte der Prozess

▶ klar definierte Eigentümer und Ziele haben,
▶ bis zu einem angemessenen Detailgrad visualisiert sein (vorzugsweise mit Lieferanten, Einsatzfaktoren, Aktivitäten, Ergebnissen und Kunden),
▶ klar definierte CTQs haben sowie
▶ laufende Messung und Überwachung der CTQs beinhalten.

Wenn Prozesse noch nicht diesen Reifegrad erreicht haben, sollten die oben genannten Aktivitäten ernsthaft in Betracht gezogen werden, bevor mit Prozessverbesserungsprojekten begonnen wird. Ein sehr effizientes Modell für diesen Zweck ist das „Nine Step Business Process Management Model" von GE (Bild 20). Es stellt die Entwicklung und den Einsatz entsprechender Infrastruktur sicher, bevor mit Verbesserungsaktivitäten begonnen wird.

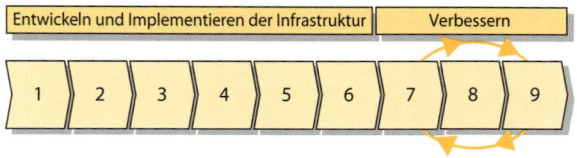

1. Prozessbeschreibung und strategische Ziele entwickeln
2. Prozess beschreiben
3. Qualitätskritische Merkmale identifizieren
4. Messzahlen identifizieren
5. Prozessmanagementsystem entwickeln
6. Plan zur Datensammlung erstellen
7. Leistung überwachen
8. Ergebnisse visualisieren
9. Prozess verbessern

**Bild 20:** *Das 9-Schritte-Prozessentwicklungs-Modell von GE*

Die DMAIC-Prozessverbesserungsmethode befasst sich umfassend mit den verbleibenden Fragen: „Wie substanziell ist das Prozessverbesserungspotenzial?", „Wie ist die Wirkung auf die Geschäftsergebnisse?" und: „Wie kann der Prozess auf systematische und effektive Weise verbessert werden?" Die DMAIC-Methode ist eine der Besonderheiten von

Six Sigma und eine der bewährtesten und verdienstvollsten Ansätze der Verbesserung von Geschäftsergebnissen, die heute verfügbar sind.

> **Wirkungsvolles Prozessmanagement**
> Die erfolgreiche Anwendung der DMAIC-Verbesserungsmethode setzt einen gewissen Reifegrad der betroffenen Prozesse voraus. Ist dies nicht gegeben, sollte der Prozess „generalüberholt" werden, bspw. anhand des „Nine Step Business Process Management Model". Dieses Modell ist sowohl in Dienstleistungs- als auch in Produktionsunternehmen anwendbar (meistens in indirekten Prozessen wie Verkauf, Auftragsbearbeitung, Planung, Einkauf, Lagerwirtschaft usw.).

Sie beginnt mit einer Definitionsphase (Bild 21), an der sich vier weitere spezifische Phasen anschließen: Messen, Analysieren, Verbessern und Überprüfen. Die Bezeichnungen der vier Phasen bilden den Namen der Verbesserungsmethode „DMAIC" (define, measure, analyse, improve and control). Six Sigma-Unternehmen überall wenden die DMAIC-Methode an, da sie wirkliche Verbesserungen und Ergebnisse ermöglicht. In jeder Phase der DMAIC-Methode werden oft Tollgates angewendet.

> **Was ist ein Tollgate?**
> Tollgates werden häufig im Projektmanagement angewendet. Sie stellen sequenzielle Teilziele im Projekt dar, welche die Hauptprojektlieferungen und das Erreichen von Meilensteinen ermöglichen. Jedes Tollgate erfordert deshalb gewisse Aktivitäten, Maßnahmen und Teillieferungen und wird oft als übergeordneter Begriff hierfür benutzt.

Tollgates sind wie die Tore in den alpinen Skidisziplinen: eine Reihe von Teilzielen, die passiert werden müssen, um das Ziel zu erreichen. Um die Tore zu erreichen, müssen gewisse Aktivitäten und Maßnahmen durchgeführt werden. Für jedes Tor gibt es Kontrollmechanismen (vorgegebene Regeln), anhand derer entschieden wird, ob das Tor korrekt passiert wurde.

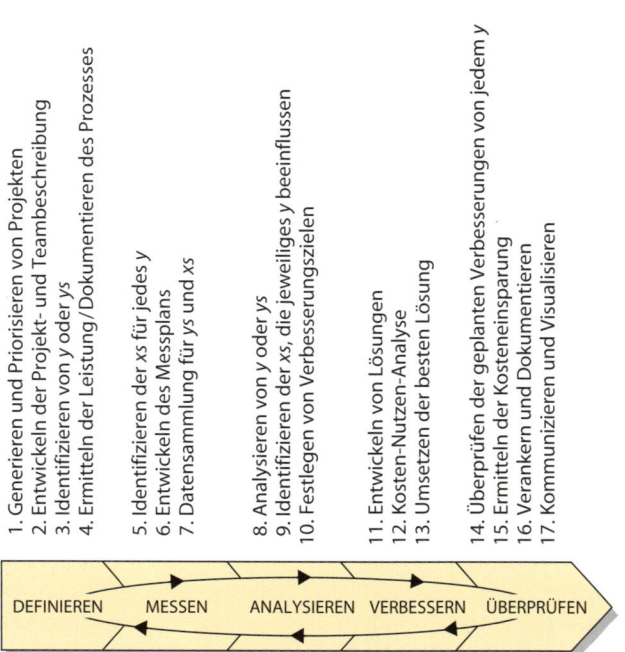

1. Generieren und Priorisieren von Projekten
2. Entwickeln der Projekt- und Teambeschreibung
3. Identifizieren von y oder ys
4. Ermitteln der Leistung/Dokumentieren des Prozesses

5. Identifizieren der xs für jedes y
6. Entwickeln des Messplans
7. Datensammlung für ys und xs

8. Analysieren von y oder ys
9. Identifizieren der xs, die jeweiliges y beeinflussen
10. Festlegen von Verbesserungszielen

11. Entwickeln von Lösungen
12. Kosten-Nutzen-Analyse
13. Umsetzen der besten Lösung

14. Überprüfen der geplanten Verbesserungen von jedem y
15. Ermitteln der Kosteneinsparung
16. Verankern und Dokumentieren
17. Kommunizieren und Visualisieren

DEFINIEREN   MESSEN   ANALYSIEREN   VERBESSERN   ÜBERPRÜFEN

**Bild 21:** *Die DMAIC-Verbesserungsmethode mit ihren fünf Phasen und empfohlenen Tollgates. Die Einsatzfaktoren eines Prozesses oder Systems werden mit x, die Ergebnisfaktoren mit y bezeichnet (x-y-Denkmodell).*

Die Methode ist für die Verbesserung jeder Art von qualitätskritischen Merkmalen geeignet: für kundenkritische Merkmale, für prozesskritische Merkmale und für vorgabenkritische Merkmale. Die DMAIC-Methode ist systematisch, einfach anzuwenden und formalisiert. Sie basiert auf vernünftigen Prinzipien des Projektmanagements mit klar definierten Start- und Endpunkten, einem etablierten Projektteam mit speziellen Rollen und Verantwortlichkeiten genauso wie mit klar festgelegten Tollgates und Projektlieferungen.

### WAS BRINGT ES?

Im Laufe der Jahre haben wir aus erster Hand erfahren, wie die DMAIC-Methode in Tausenden von Fällen Prozesse aller Arten deutlich verbessert und erheblich zum Geschäftsergebnis beigetragen hat. In den meisten Fällen bekommen durch die DMAIC-Methode Mitarbeiter auf allen Ebenen ein erhöhtes Bewusstsein für das Potenzial und die Mittel zur Realisierung von Prozessverbesserungen. DMAIC ist eine vorgegebene Methode und eine einheitliche Sprache für Verbesserung mit dem Fokus auf Fakten und großer Aufmerksamkeit des Top-Managements. Die DMAIC-Methode kann auf alle Aspekte der Prozessverbesserung – vorhersagbare Leistung, Variation und Mittelwert – angewendet werden. Wie im folgenden Beispiel und vielen anderen Fallstudien zu sehen ist, liefert die DMAIC-Methode nicht nur hervorragende Ergebnisse, sondern auch genügend Freiraum und Flexibilität für kreative und systematische Prozessverbesserung.

Die DMAIC-Methode wurde in dem im Kapitel 1 enthaltenen Beispiel zur Verbesserung der Durchlaufzeit eines Engpasses angewendet. Mit dem dadurch erreichten höheren

Durchsatz führte dieses Verbesserungsprojekt zu einer erheblichen Netto-Kostenersparnis.

In den folgenden Abschnitten werden weitere Projektbeispiele der DMAIC-Prozessverbesserung angeführt. Unter anderem zeigen die Beispiele, dass über Fakten und Zahlen statt über Gefühle, Gedanken und Annahmen diskutiert wird.

### WesternGeco, Norwegen

In der Produktionssparte von WesternGeco in Norwegen – einem Seismikunternehmen – wurde die DMAIC-Methode in einer Reihe von Prozessverbesserungsprojekten zur Untersuchung von Durchlaufzeiten in Engpässen angewendet. In einem dieser Projekte wurde der Mittelwert der Durchlaufzeit um 45% und die Variation (Standardabweichung) um 82% verbessert. Die Ersparnis belief sich auf mehr als 1,0 Mio. Euro (Bild 22).

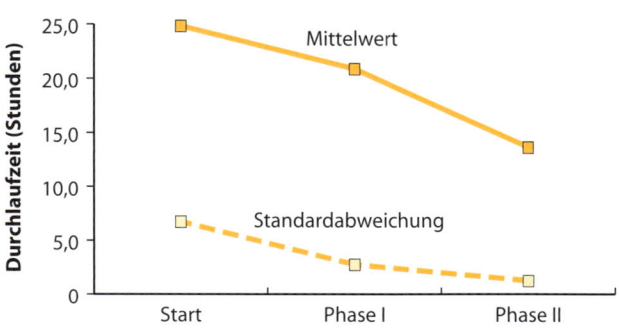

**Bild 22:** *Ergebnis eines der DMAIC-Projekte zur Durchlaufzeit bei WesternGeco in Norwegen*

### ABB, Finnland

In einem Prozessverbesserungsprojekt bei ABB in Finnland wurde die DMAIC-Methode angewendet, um die Oberflächenqualität eines Produkts in einem Gießprozess zu verbessern. Es führte zu einer beachtlichen Reduzierung der FpMM-Quote und zu Kosteneinsparungen in Höhe von mehr als 150000 Euro. Das x-y-Denkmodell des Projekts (Bild 23) zeigt, welche Einsatzfaktoren berücksichtigt worden sind. Hier ist zu beachten, dass obwohl die meisten industriellen Gießprozesse sehr viele mögliche Einsatzfaktoren haben, es trotzdem effizient ist, die Einsatzfaktoren mit dem größten wahrscheinlichen Einfluss auf Mittelwert und Variation innerhalb eines DMAIC-Projekts zu analysieren. Statt aufzugeben und die derzeitige Prozessleistung zu akzeptieren, werden die wenigen wichtigen statt alle Einsatzfaktoren identifiziert und verbessert, um ein deutlich besseres Ergebnis, d.h. in diesem Fall eine verbesserte Oberflächenqualität, zu erreichen.

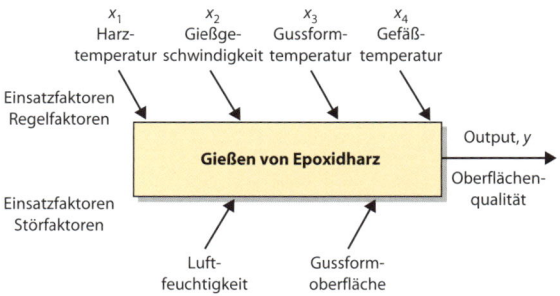

**Bild 23:** *Das x-y-Denkmodell eines DMAIC-Projekts bei ABB in Finnland mit beiden Arten von Einsatzfaktoren, d.h. Regelfaktoren (die physisch gesteuert werden können) und Störfaktoren (die als unkontrollierbar gelten oder bei denen eine Steuerung zu teuer oder nicht erstrebenswert ist). In DMAIC-Verbesserungsprojekte werden grundsätzlich nur Regelfaktoren einbezogen.*

**LG Electronics, Korea**

Die Türen von Mikrowellengeräten sind für Produzenten auf der ganzen Welt ein anhaltendes Problem, hauptsächlich aufgrund von Undichtheiten. LG Electronics entschloss sich, die DMAIC-Methode auf das Problem der Undichtheit der Türen anzuwenden. Das FpMM-Niveau lag zur Zeit der Projektdefinition bei 750. In der Definitionsphase wurde festgestellt, dass die Höhe der Bohrlöcher ein Hauptgrund für die Undichtheit war, mit Spezifikation bei 16,35 mm ± 0,15 mm. Die restlichen Phasen der DMAIC-Methode konzentrierten sich auf das Identifizieren von Einsatzfaktoren, die den Mittelwert und die Variation der Bohrlochhöhe beeinflussen. Nach Durchführung der Verbesserungen wurden diese anhand einer Mittelwertkarte und einer Spannweitenkarte überprüft (Bild 24). Die Verbesserungen der Bohrlochhöhe reduzierten das FpMM-Niveau auf etwa 300. Dies war eines der frühen Prozessverbesserungsprojekte der Six Sigma-Initiative bei LG Electronics, welches große Aufmerksamkeit erlangt und große Bedeutung für die Erfolgsgeschichte von Six Sigma bei LG hatte.

**ABB, China**

In einem ABB-Transformatorenwerk in China hatte man beträchtliche Schwierigkeiten mit der Lieferpünktlichkeit an Kunden. Durch die Anwendung von DMAIC wurde ein übergreifendes und komplexes Problem systematisch gelöst. Das Kuchendiagramm (Bild 25) zeigt den Einfluss der vier ausgewählten Einsatzfaktoren $x$s auf die Verspätung $y$. Das ABB-Werk realisierte eine bedeutende Verbesserung der Lieferpünktlichkeit und eine jährliche Kostenreduzierung von mehr als 30 000 Euro. Hierbei ist jedoch noch nicht die gesteigerte Kundenzufriedenheit aufgrund der verbesserten Lieferpünktlichkeit berücksichtigt. Der Erfolg des Werks ist daher bedeutend höher, als die Kostenreduzierung anzeigt.

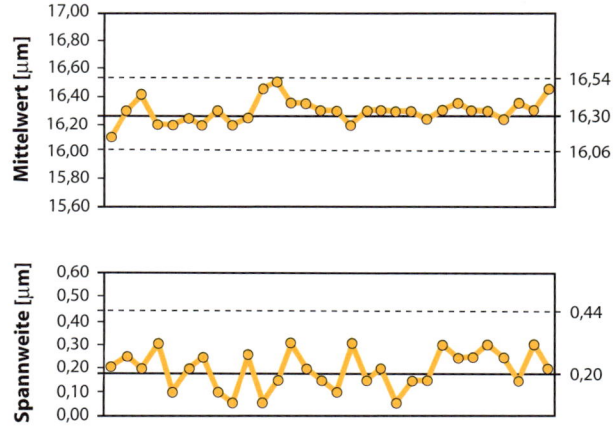

**Bild 24:** *Regelkarten, welche die Verbesserungen der Bohrlochhöhe bei LG Electronics zeigen*

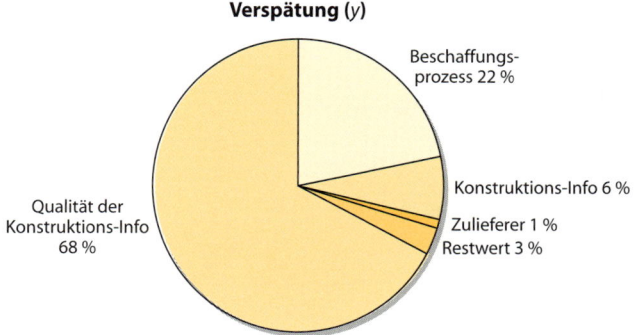

**Bild 25:** *Kuchendiagramm zur Darstellung des Einflusses der Einsatzfaktoren (xs) auf die Ergebnisvariable (y).*

## WIE GEHE ICH VOR?

Im Folgenden werden alle Phasen der DMAIC-Prozess-verbesserungsmethode einschließlich Tollgates beschrieben (siehe auch Bild 21). Nicht alle empfohlenen Tollgates werden notwendigerweise in jedem Six Sigma-Verbesserungsprojekt verwendet, aber insbesondere in den ersten Verbesserungsprojekten, die von Black Belts und Green Belts durchgeführt werden, sollte man sie beachten.

### *Definieren – Tollgate 1: Generieren und priorisieren von Projekten*

Um Projekte definieren zu können, müssen potenzielle Projekte vorhanden sein. Beim Generieren von Projekten geht es darum, Verbesserungsmöglichkeiten zu identifizieren und herauszuarbeiten. Eine wertvolle Informationsquelle zur Projektgenerierung ist das Six Sigma-Messsystem. Es zeigt zu jedem Zeitpunkt die Leistungsdaten einer breiten Auswahl qualitätskritischer Merkmale im Unternehmen. Andere gute Quellen sind die Unternehmensstrategie, Vorschläge von Black Belts und Green Belts, Kundenbeschwerden, Fehlerberichte, Vorschlagswesen und Lieferantenprobleme.

Auf das Generieren von Projekten folgt ihre Priorisierung und Auswahl. Die Botschaft der DMAIC-Methode ist: „Entscheidungsfindung basiert auf Fakten", und das gilt natürlich auch für die Auswahl von Projekten. Es ist daher wichtig, dass das Unternehmen für die Auswahl von Projekten geeignete Werkzeuge und eine geeignete Vorgehensweise anwendet. Typische Auswahlkriterien sind:

▶ Prozessleistung,
▶ Auswirkung auf die Kundenzufriedenheit,

▶ technische Komplexität,
▶ organisatorische Komplexität,
▶ Kosteneinsparungspotenzial und
▶ verfügbare Personalkapazität.

In Kapitel 1 wurde beschrieben, wie Verbesserungsprojekte direkt aus den strategischen Unternehmenszielen abgeleitet werden können. Dieser Ansatz ist ertragreicher im Vergleich zu den oben dargestellten, normalerweise in Unternehmen angewendeten Ansätzen, die sich auf ständige Verbesserung konzentrieren und Six Sigma als Verbesserungsprogramm verstehen.

Trotz des Projektrankings ist es wichtig, einen Projektvorschlag für die ausgewählten Projekte zu verfassen und dem Lenkungsausschuss oder der Unternehmensleitung zur Prüfung vorzulegen. Damit trifft die passende Führungsebene die Entscheidung, wann und wo das Projekt gestartet oder auch abgelehnt wird.

### Definieren – Tollgate 2: Entwickeln der Projekt- und Teambeschreibung

Hat man die Freigabe für das Projekt vom entscheidungsbefugten Gremium erhalten, ist es wichtig, Projekt und Projektteam zu formalisieren. In Six Sigma gilt als Best Practice, dies anhand einer Projekt- und Teambeschreibung (Bild 26) zu tun.

Das Projektteam besteht in den meisten Fällen aus einem Projektmanager und Projektmitgliedern, unterstützt von einem Projektsponsor (Tabelle 4).

| | |
|---|---|
| **Business Case:** | Warum sollte das Projekt durchgeführt werden? Warum ist es gerade jetzt von Bedeutung? Wie hängt es mit der Unternehmensstrategie zusammen? |
| **Projektbeschreibung:** | Kurze, schlüssige Beschreibung des Projekts. |
| **Projektumfang:** | Beschreibung des Projektumfangs, einschließlich der Rahmenbedingungen und möglicher Beschränkungen. |
| **Projektlieferungen:** | Beschreibung der erwarteten Hauptlieferungen des Projekts. |
| **Projektphasen und -tollgates:** | Beschreibung der Phasen und Tollgates im Projekt. |
| **Projektplan:** | Detaillierter Maßnahmenplan von Phasen, Tollgates und Projektlieferungen. |
| **Teammitglieder einschließlich ihrer Rollen:** | Namen (Rolle). |
| **Verschiedenes:** | |

**Bild 26:** *Muster für eine Projekt- und Teambeschreibung*

 **Projekt- und Teambeschreibung**

Erstens kann ein abgegrenzter Projektumfang einige Ressourcen in den späteren Phasen des Verbesserungsprojektes einsparen.

Zweitens sollten die Projektlieferungen und Tollgates in jeder Phase der Verbesserungsmethode spezifiziert werden, da sie der Projektgruppe dabei helfen, auf dem Laufenden zu bleiben.

Drittens sollte ein ausreichend detaillierter Projektplan, einschließlich Phasen, Tollgates und Lieferungen, entwickelt werden, um ein gemeinsames Projektverständnis der Projektgruppe zu erreichen.
Viertens muss überprüft werden, ob alle Beteiligten ein klares Verständnis ihrer jeweiligen Rolle und ihrer Verantwortlichkeiten haben, vom Projektsponsor bis zu den Projektmitgliedern.

| | **Projekt-sponsor** | **Projekt-manager** | **Projekt-mitglieder** |
|---|---|---|---|
| Position | Mitglied der obersten Führungsebene | Black Belt oder Green Belt | Hauptsächlich Green Belt und/oder White Belt |
| Hauptaufgabe | Erkennen des Potenzials, Eröffnen des Projekts, Sichern von Ressourcen, Beobachten des Projektfortschritts | Sichern des Projektfortschritts entsprechend DMAIC, Koordinieren von Aktivitäten, Sichern der Einbeziehung des Teams, Unterstützen von Entscheidungsprozessen, Ergebnisberichterstattung und Kommunikation sicherstellen | Generieren von Lösungsansätzen, Entscheidungen treffen, Sicherstellen, dass das Verbesserungsprojekt wirklich umgesetzt wird |

| | Projekt-sponsor | Projekt-manager | Projekt-mitglieder |
|---|---|---|---|
| **Verantwortung** | Demonstrieren von Überzeugung für das Projekt, Kontaktpunkt für das Top-Managementteam, Motivator für alle Beteiligten | Hauptantriebs-kraft, Kontaktpunkt zwischen Sponsor und Projekt-team, Vermittler und Experte | Umsetzungsori-entierung, Glaubwürdig-keit, Verankerung |

**Tab. 4:** *Überblick über das Projektteam mit Rollen, Positionen und Verantwortlichkeiten*

### Definieren – Tollgate 3: Identifizieren von y oder ys

Six Sigma verwendet in allen Verbesserungsprojekten ein einfaches x-y-Denkmodell, in dem $y$ die Ergebnisvariable und $x$ die Einsatzfaktoren darstellt (siehe Bild 3 in Kapitel 1). Für den zu verbessernden Prozess müssen ein oder mehrere Merkmale identifiziert werden, auf die sich das Projekt konzentriert. Die Merkmale sollten qualitätskritisch sein und werden als das $y$ bzw. die $y$s des Verbesserungsprojekts bezeichnet. Häufig ist es vorteilhaft, in einem Verbesserungsprojekt jeweils nur mit einem $y$ zu arbeiten. Für jedes identifizierte $y$ ist es außerordentlich wichtig, dass die Projektgruppe ein solides Verständnis davon bekommt, welche Anforderungen die Kunden an dieses Merkmal stellen.

*Definieren – Tollgate 4: Ermitteln der Leistung/
Dokumentieren des Prozesses*

Vor Beginn der Phase Messen sollten zwei Fragen gestellt werden. Erstens: Ist die derzeitige Leistung von $y$ bekannt? Zweitens: Gibt es ein aktuelles Prozessflussdiagramm? Viel zu häufig überspringen Black Belts und Green Belts diesen wichtigen Teil der Definitionsphase. Die aktuelle Leistung von $y$ bildet den Ausgangspunkt des Projekts und liefert weitere wichtige Daten. Das Prozessflussdiagramm vermittelt der Projektgruppe ein einheitliches Verständnis für den derzeitigen Prozess und kann auch für Kommunikationszwecke mit anderen im Unternehmen verwendet werden.

*Messen – Tollgate 5: Identifizieren der xs für jedes y*

Die erste Aktivität der Phase Messen besteht darin, für jedes $y$ eine Anzahl Einsatzfaktoren $x$s zu definieren, die einen Einfluss auf $y$ haben können. In Wirklichkeit gibt es zwei verschiedene Arten von $x$, Regelfaktoren und Störfaktoren. Regelfaktoren sind steuerbar, im Gegensatz zu Störfaktoren, deren Kontrolle entweder als unmöglich, als zu teuer oder als nicht erwünscht betrachtet wird. Häufig wird ein Ursache-

**Ratschläge zum Identifizieren der *xs***

Für jedes $x$ sollte identifiziert werden, ob es sich um einen Regelfaktor oder um einen Störfaktor handelt. Es ist auch ratsam, zu überprüfen, ob die ausgewählten $x$s den gleichen Detaillierungsgrad besitzen. Es darf nicht vergessen werden, dass es die Hauptursachen ($x$s) sind, die gesucht werden. Zwei hierfür hilfreiche Werkzeuge sind:

• Ursache-Wirkungs-Diagramm und
• Flussdiagramm.

Wirkungs-Diagramm zur Darstellung der Verhältnisse von jedem $y$ und seiner $x$s benutzt, alternativ kann auch die Darstellung des x-y-Denkmodells verwendet werden. Es ist oft hilfreich, so viele $x$s wie möglich heranzuziehen und dann die $x$s hervorzuheben, die ausgewählt wurden.

### Messen – Tollgate 6: Entwickeln des Messplans

Bevor die tatsächliche Datensammlung beginnen kann, müssen für jedes $y$ und $x$ Entscheidungen getroffen werden in Bezug auf die Art des Merkmals (kontinuierlich/diskret), Stichprobengröße, Messintervalle, Dauer der Messungen und Arten der Datenerfassung. Um diese Arbeit zu strukturieren, kann oftmals ein Messplan hilfreich sein. Als Faustregel gilt, dass bei kontinuierlichen Merkmalen ($y$ und $x$s) zumindest 30 Messungen erforderlich sind. Es ist wichtig, dass sich die Aufzeichnungen für $y$ immer auf die zugehörigen $x$s beziehen, d. h. bei der Messung von 30 Prozessdurchläufen müssen bei jedem gemessenen Durchlauf der Wert $y$ und die zugehörigen Werte der $x$s aufgezeichnet werden. Bei diskreten $y$s und $x$s oder bei einer Mischung von kontinuierlichen und diskreten $y$s und $x$s gelten mindestens 300 Messungen als Faustregel.

### Messen – Tollgate 7: Datensammlung für ys und xs

Nun kann die Datensammlung erfolgen. Es ist wichtig, dass die Projektgruppe sicherstellt, dass die Daten entsprechend dem Messplan erhoben werden und dass alle Abweichungen vom Plan dokumentiert werden. Tabelle 1 im Kapitel 1 dieses Buchs zeigt die Datensammlung eines Six Sigma-Projekts.

*Analyse – Tollgate 8: Analysieren von y oder ys*

Im ersten Schritt der Analysephase ist es wichtig, auf Grundlage der erhobenen Daten, jedes $y$ kennen zu lernen. Typische zu berücksichtigende Aspekt sind:

▶ Verteilung von $y$,
▶ Mittelwert und Standardabweichung von $y$,
▶ Leistung von $y$, ausgedrückt in FpMM und Sigma und
▶ Vorhersagbarkeit.

*Analyse – Tollgate 9: Identifizieren der xs, die jeweiliges y beeinflussen*

In diesem neunten Schritt der DMAIC-Methode liegt der Kern der Leistungsfähigkeit von Six Sigma. Wenn mit Hilfe statistischer Werkzeuge ermittelt werden kann, welche der gemessenen $x$s einen Einfluss auf $y$ haben, ist es relativ einfach, eine Verbesserungslösung zu entwickeln. Wenn keines der gemessenen $x$s Einfluss auf $y$ hat, sind trotzdem wichtige Erkenntnisse gewonnen worden. Die Messphase wird dann wiederholt, um andere $x$s zu testen.

**Anwendung von Werkzeugen**

Zur Identifizierung der $x$s, die einen Einfluss auf $y$ haben, gibt es eine Reihe statistischer Werkzeuge, die leicht anzuwenden und sehr wirkungsvoll sind:

• Pareto-Diagramm
• Ursache-Wirkungs-Diagramm
• Baumdiagramm
• Standardisierung
• Verschwendungsanalyse
• Beziehungsdiagramm
• Regressionsanalyse
• Multivariate Analyse

- Statistische Testverfahren (ANOVA/ANOM usw.)
- Faktorielle Versuche

Siehe „Six Sigma umsetzen – Die neue Qualitätsstrategie für Unternehmen" und Pocket Power „Qualitätstechniken".

*Analyse – Tollgate 10: Festlegen von Verbesserungszielen*

Nachdem nun die $x$s mit Einfluss auf $y$ identifiziert sind, kann ein Verbesserungsziel festgelegt werden. Verbesserungen der Prozessleistung können auf drei sich ergänzende Arten erreicht werden – Erreichen von Vorhersagbarkeit, Reduzierung von Variation und Verbesserung der Prozesslage (des Mittelwerts) (Bild 27).

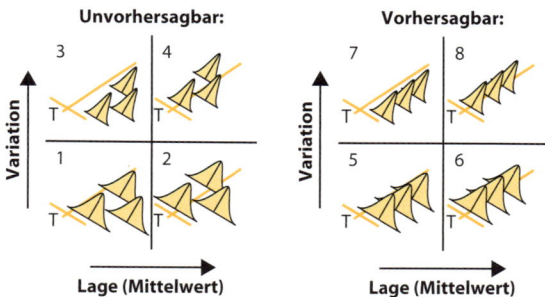

**Bild 27:** *Drei Wege zur Verbesserung von Prozessleistungen – vorhersagbare Leistung, Reduzierung der Streuung und Verbesserung der Prozesslage (Durchschnitt) – sowie die acht möglichen Zustände von Prozessleistungen. Die Pfeilrichtung der Achsen zeigt die Verbesserungsrichtung an, d. h. Quadrant 2 hat eine bessere Zentrierung als Quadrant 1. Quadrant 1 (unvorhersagbare Leistung, große Variation, schlechte Lage) ist der ungünstigste Zustand, Quadrant 8 (vorhersagbare Leistung, geringe Variation und gute Lage) ist der bevorzugte Zustand.*

*Verbessern – Tollgate 11: Entwickeln von Lösungen*

Mit dem in der Analyse-Phase erworbenen Wissen, d.h. welche $x$s Einfluss auf $y$ haben und die festgesetzten Verbesserungsziele, ist in den meisten Fällen der Weg zum Entwickeln einer Lösung relativ gut geebnet.

*Verbessern – Tollgate 12: Kosten-Nutzen-Analyse*

Für jede vorgeschlagene Lösung sollte eine umfassende Kosten-Nutzen-Analyse erstellt werden. Werden mehrere Lösungsmöglichkeiten vorgeschlagen, kann die Kosten-Nutzen-Analyse zum Vergleich herangezogen werden. Die Analyse sollte auf zurückhaltenden Schätzungen beruhen, sowohl auf der Kosten- als auch auf der Nutzen-Seite. Auf der Kosten-Seite sollten alle mit der Lösung verbundenen direkten Kosten, einschließlich der Projektkosten, berücksichtigt werden. Auf der Nutzen-Seite sollten nur direkte Kosteneinsparungen, wie direkte Materialkosten und Kosten für Arbeitsstunden, einbezogen werden. Verbesserter Durchsatz

### Unternehmensweite Richtlinien

Kosten-Nutzen-Analyse hört sich zwar einfach an, fordert aber von der Geschäftsführung sowie dem Controllingbereich entwickelte unternehmensweite Richtlinien. Auf der Nutzen-Seite sollte man sich auf die tatsächlichen Beiträge („hard savings") zum Geschäftsergebnis konzentrieren und vorsichtig mit der Anrechnung von unsicheren Erfolgen („soft savings") sein (Tabelle 5). Genauso sollten zur Kosten-Nutzen-Analyse solide Ausgangsdaten verwendet werden wie aktuelle Produktionszahlen, Produkt-Mix und aktuelle Anzahl der Mitarbeiter etc. Sind die Richtlinien gut und leicht umsetzbar, erfordert die Kosten-Nutzen-Analyse auf Projektebene meistens keine große Anstrengung mehr.

kann auch angesetzt werden, wenn der Prozess einen Engpass darstellt und eine Übernachfrage vorliegt. Ratsam ist es, einen Controller des Unternehmens in die Kosten-Nutzen-Analyse einzubeziehen – immer unter der Zielsetzung, so faktenbasiert wie möglich zu arbeiten. (Siehe auch Pocket Power „TQM-gerechtes Controlling".)

| Ersparnistypen | Ersparniskategorie (in den meisten Fällen) |
|---|---|
| Kostenreduzierung | Hard savings |
| Einnahmensteigerung | Hard savings |
| Kostenvermeidung | Soft savings |
| Verbesserung der Kunden-zufriedenheit | Soft savings |
| Investitionsbeschränkung | Soft savings |
| Cashflow-Verbesserung | Hard savings |

**Tab. 5:** *Übersicht von „hard savings" (direkter Beitrag zum Geschäfts-ergebnis) und „soft savings" (indirekter Beitrag)*

*Verbessern – Tollgate 13: Umsetzen der besten Lösung*

Auf Basis der Kosten-Nutzen-Analyse des vorhergehenden Tollgates können die vorgeschlagenen Lösungen bewertet und kann die beste umgesetzt werden. Es ist wichtig, dass die Lösung entsprechend einem erstellten Maßnahmenplan umgesetzt wird und dass z. B. erforderliche Informationen, Training und Einbeziehung aller betroffenen Mitarbeiter berücksichtigt werden.

**Tolle Lösung – keine Realisierung**

Manchmal kommt es vor, dass in DMAIC-Projekten eine tolle Lösung entwickelt worden ist, aber danach nichts passiert, d.h. dass keine Verbesserung realisiert wird. Sehr oft liegt es daran, dass das Projekt in den vorhergehenden Tollgates zu wenig auf Aspekte des Change Managements geachtet hat. Die betroffenen Mitarbeiter waren in die Definition, Messungen und Analyse nicht einbezogen und haben auch nicht an der Entwicklung der Lösung teilgenommen. Sie reagieren ganz natürlich – weigern sich, die Umsetzung der Lösung mitzutragen. Für diesen fundamentalen Projektfehler gibt es keine Entschuldigung, weder für die Projektgruppe, den Projektleiter noch den Sponsor.

*Überprüfen – Tollgate 14: Überprüfen der geplanten Verbesserungen von jedem y*

Nachdem die Lösung umgesetzt worden ist, sollte jedes $y$ beobachtet werden, um sicherzustellen, dass die Verbesserungsziele erreicht worden sind. Zuerst sollte die Leistung von $y$ vorhersagbar sein, dann können Mittelwert und Standardabweichung berechnet werden. Oft dauert es einige Zeit, bis der Prozess stabil wird, aber mit Hilfe einer Regelkarte kann dies relativ einfach überprüft werden.

*Überprüfen – Tollgate 15: Ermitteln der Kosteneinsparung*

Nachdem $y$ vorhersagbar geworden ist, können die tatsächlichen Werte in die Kosten-Nutzen-Analyse eingetragen werden.

### *Überprüfen – Tollgate 16: Verankern und Dokumentieren*

Eine weitere wichtige Aktivität in der Phase Überprüfen ist die Verankerung der Ergebnisse. Z.B. müssen Flussdiagramme oder Prozessbeschreibungen aktualisiert werden, ebenso wie Zeichnungen, Arbeitspläne oder Stücklisten eines Produkts. Existieren diese Dokumente nicht, müssen sie angefertigt werden.

Auch das gesamte Verbesserungsprojekt sollte in geeigneter Weise dokumentiert werden. Die beste Lösung ist, das Projekt während des Projektverlaufs zu dokumentieren. Am Ende des Projekts sollte auch eine Projektpräsentation erstellt werden und die Dokumentation des Projektfortschritts überprüft werden.

### *Überprüfen – Tollgate 17: Kommunizieren und Visualisieren*

Die Ergebnisse und Erfahrungen des Projekts sollten im gesamten Unternehmen bekannt gemacht werden. Normalerweise werden kurze Fallstudien verteilt und häufig wird diese Art angewandten Wissens über Verbesserungen gespeichert und mit Hilfe des Intranets im Unternehmen verbreitet.

# 5    Designverbesserung

**WORUM GEHT ES?**

Einige der frühen Six Sigma-Unternehmen – hauptsächlich AlliedSignal (heute Honeywell), ABB, GE und Motorola – haben erkannt, dass das bloße Entfernen der Variation aus Prozessen nicht zu den gesetzten Zielen für interne Verbesserungsraten und Kundenzufriedenheit führt. Viel zu häufig haben sie gesehen, dass das grundlegende Design der Produkte (materielle Güter und Dienstleistungen), Prozesse und Systeme einfach nicht der erforderlichen Leistung entsprach, d.h. es waren Designverbesserungen erforderlich (siehe Bild 19 im Kapitel 4).

In früheren Designverbesserungsprojekten haben sie gesehen, dass Projekte tendenziell

▶ die Lücke zwischen Kundenanforderung und Leistungen nicht überbrücken,
▶ verspätet sind,
▶ unsystematisch durchgeführt werden,
▶ vorhandenes Wissen über Produktionsfähigkeit und Prozessleistung nicht in ausreichendem Maße einbeziehen und
▶ nicht auf Fakten beruhen, z.B. bei der Bestimmung von Toleranzen.

Im Bereich der Designverbesserungen haben Motorola, GE und andere führende Six Sigma-Unternehmen deshalb standardisierte Designverbesserungsmethoden entwickelt. Motorola hat die DMADV (vom englischen design, measure, analyse, design, verify) und GE die IDOV (vom englischen identify, design, optimize, verify) entwickelt. In diesem Buch wird ausschließlich die DMADV-Methode (Bild 28) von Motorola beschrieben.

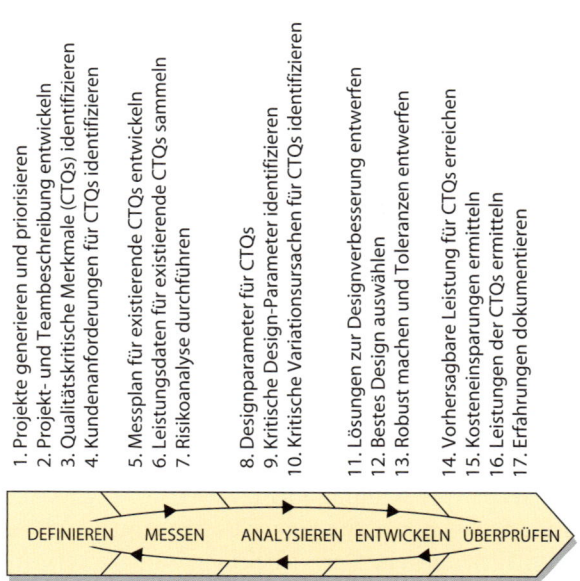

1. Projekte generieren und priorisieren
2. Projekt- und Teambeschreibung entwickeln
3. Qualitätskritische Merkmale (CTQs) identifizieren
4. Kundenanforderungen für CTQs identifizieren

5. Messplan für existierende CTQs entwickeln
6. Leistungsdaten für existierende CTQs sammeln
7. Risikoanalyse durchführen

8. Designparameter für CTQs
9. Kritische Design-Parameter identifizieren
10. Kritische Variationsursachen für CTQs identifizieren

11. Lösungen zur Designverbesserung entwerfen
12. Bestes Design auswählen
13. Robust machen und Toleranzen entwerfen

14. Vorhersagbare Leistung für CTQs erreichen
15. Kosteneinsparungen ermitteln
16. Leistungen der CTQs ermitteln
17. Erfahrungen dokumentieren

DEFINIEREN    MESSEN    ANALYSIEREN    ENTWICKELN    ÜBERPRÜFEN

**Bild 28:** *Die DMADV-Designverbesserungsmethode mit ihren fünf Phasen und empfohlenen Tollgates*

Design for Six Sigma wird von vielen Six Sigma-Unternehmen und -Anwendern als eine eigenständige Disziplin betrachtet, die äußerst komplex und schwierig umsetzbar sei. Solche Annahmen sind bei weitem übertrieben. Design for Six Sigma ist im Großen und Ganzen eine Sammelbezeichnung von Methoden, Werkzeugen und Denkmodellen, deren grundlegende Theorie und praktische Anwendung in Bezug auf Formalisierung, Standardisierung und Wissen z. T. wenig ausgereift sind. In diesem Buch wird deshalb Design for Six Sigma im Wesentlichen als ein integrativer Bestandteil von Six Sigma vorgestellt, der sich mit der Umsetzung von Six Sigma in Designverbesserungsprojekten (Kapitel 5) und Entwicklungsprozessen (Kapitel 7) befasst.

> **DMADV ist nicht für Neuentwicklung geeignet**
>
> Es ist wichtig, zu bemerken, dass die Methoden für Designverbesserungen nicht für die allgemeine Produktentwicklung geeignet sind. Manche Unternehmen wenden die DMADV-Methode als einen übergeordneten Design- und Entwicklungsprozess an. Dies ist eine fragwürdige Praxis, da andere, speziell für die Entwicklung von Neuprodukten und Technologie entwickelten Vorgehensweisen viel besser geeignet und umfassender sind; vgl. z.B. das Clausing-Modell im Kapitel 7.

**WAS BRINGT ES?**

Durch die Anwendung der DMADV-Designverbesserungsmethode können Six Sigma-Unternehmen eine Reihe von Vorteilen nutzen. Der vielleicht größte Vorteil ist die erhöhte Kundenzufriedenheit von sowohl internen als auch externen Kunden. Designverbesserungsprojekte, die der DMADV-Methode folgen, liefern:

▸ sehr spezifische und gute Designänderungen aufgrund der Konzentration auf qualitätskritische Merkmale (CTQs),
▸ kürzere Entwicklungszeiten,
▸ zuverlässigere Produkte, Prozesse und Systeme mit einem ausgeglichenen Preis-Qualitäts-Verhältnis sowie
▸ kosteneffektive Produkte, Prozesse und Systeme aufgrund der Reduktion unnötiger Kosten sowie nicht kundengerechter Spezifikationen.

Genau wie bei DMAIC-Prozessverbesserungsprojekten trägt die DMADV-Methode in Designverbesserungsprojekten deutlich zum Geschäftsergebnis bei. Designverbesserungsprojekte leisten auch einen bedeutenden Beitrag zu den übergeordneten Zielsetzungen von Six Sigma, z. B. der 50%igen Verbesserungsrate pro Jahr.

Durch die DMADV-Methode werden die Design- und Entwicklungsfunktionen des Unternehmens in die Six Sigma-Initiative einbezogen. Hier bietet Six Sigma eine vorgegebene Methode (DMADV), eine Sprache für Designverbesserung mit dem Fokus auf Fakten und hoher Aufmerksamkeit des Top-Managements.

Wie im folgenden Beispiel und vielen anderen Fallstudien zu sehen ist, bietet die DMADV-Methode kreative, systematische und überzeugende Designverbesserungen.

### ABB, Deutschland

Das ABB-Werk in Ferch bei Potsdam ist ein Hersteller von High Current Breakers und anderem Zubehör für Mittelspannungsanlagen. Bei einem der ersten Verbesserungsprojekte der Six Sigma-Initiative ging es um die Anpassung der Kontaktgeschwindigkeit für 24 kV Breakers. ABBs Zielwert für die Geschwindigkeit liegt bei 3,2 m/s, mit einem Toleranzbereich von 2,7–3,7 m/s. Durch die Anwendung der DMADV-Methode wurde Folgendes erreicht:

- Drei Komponenten wurden durch Faktorielle Versuche getestet: Kraft der Hauptfeder, Kraft der sekundären Federn und Dimensionen der Kontaktbrücke.
- Der Versuch zeigte, dass alle Hauptfaktoren die Geschwindigkeit beeinflussten (Bild 29) und dass Wechselwirkungen keinen Einfluss hatten (Bild 30).

- Zusammen mit dem Lieferanten der Federn wurde beschlossen, den Toleranzbereich für die Kraft der beiden Federn einzugrenzen.
- Nach den notwendigen Anpassungen der Hauptfaktoren wurde der Mittelwert der Geschwindigkeit von 2,95 m/s auf 2,03 m/s verbessert. Der Mittelwert und die Variation wurden später durch weitere Designverbesserungsprojekte verbessert.

### Arcelik, Türkei

Arcelik ist ein Tochterunternehmen der Koç Holding, dem größten Industriekonzern der Türkei. Seit 1998 wendet Arcelik Six Sigma als eine erfolgreiche Unternehmensstrategie an. Hinsichtlich Designverbesserung führte Arcelik u.a. das folgende Projekt durch.

Der Bedarf an Hochleistungswaschmaschinen ist in den letzten zehn Jahren kontinuierlich gewachsen. Speziell in Europa ist das Interesse an energieeffizienten Haushaltsgeräten groß und zwingt die Hersteller, Produkte der Klasse A zu entwickeln. Vor dem Hintergrund dieser Entwicklung hat die Abteilung Product Management von Arcelik das „YOC Performance-Verbesserungs-Projekt" gestartet mit dem Ziel, den Energieverbrauch zu verringern, ohne die Waschleistung zu verschlechtern. Gemäß dem Standard IEC 60456 werden Waschleistung und Energieverbrauch von Waschmaschinen in Klassen von A bis G eingeteilt. Klasse A repräsentiert dabei die beste, Klasse G die schlechteste Leistung.

Das Projekt folgte der DMADV-Methode und benutzte Faktorielle Versuche, um 22 mögliche Design-Parameter zu testen. Die Analyse der Messergebnisse identifizierte vier aktive Design-Parameter. Bei der Implementierung wurden diese Parameter auf die als optimal ermittelten Werte festgesetzt. Mehrere Bestätigungsläufe wurden durchgeführt, um zu überprüfen, ob die Designverbesserung zu einem Energieverbrauch der Klasse A geführt hat (Bild 31).

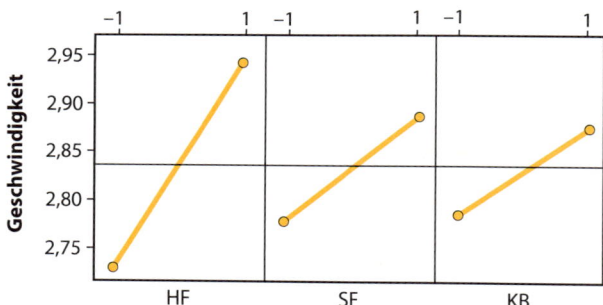

**Bild 29:** *Anhand dieses Hauptfaktorplots und des Wechselwirkungs-plots (Bild 30) wurde festgestellt, dass die drei Hauptfaktoren aktiv waren.*

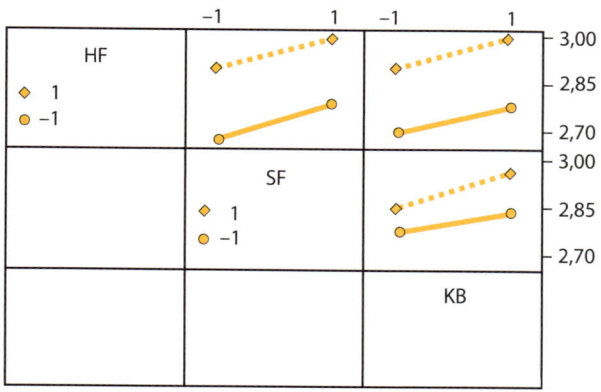

**Bild 30:** *Wechselwirkungsplot für die Geschwindigkeit*

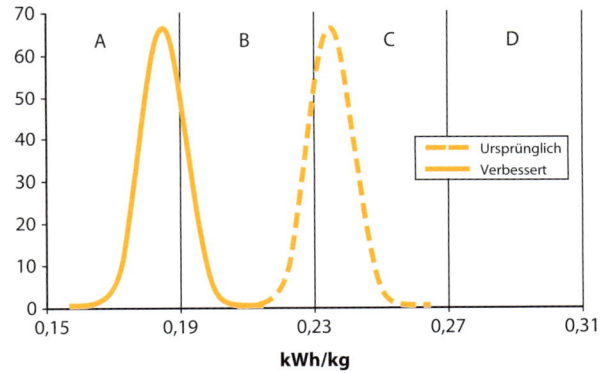

**Bild 31:** *Verteilung des Energieverbrauchs für die ursprünglichen und für die verbesserten Waschmaschinen*

## WIE GEHE ICH VOR?

Im Folgenden wird jede Phase der DMADV-Designverbesserungsmethode übergreifend beschrieben. Da viele der Tollgates denen der DMAIC-Prozessverbesserungsmethode ähnlich sind, werden diese nicht im Detail vorgestellt.

### Definieren

In der Definitionsphase werden potenzielle Designverbesserungsprojekte generiert und priorisiert. Wertvolle Informationsquellen zur Projektgenerierung sind Kundenbeschwerden, Fehlerberichte und Fähigkeitsanalysen (z.B. durch das Six Sigma-Messsystem).

Nach der Auswahl eines Projekts wird dieses etabliert, indem eine Projektgruppe gebildet wird, welche vorzugsweise funktionsübergreifend zusammengesetzt sein sollte. Diese erarbeitet eine Projekt- und Teambeschreibung.

Die Projektarbeit beginnt daraufhin mit der Identifizierung von qualitätskritischen Merkmalen (CTQs) für das Produkt, den Prozess oder das System (siehe Bild 12 im Kapitel 2). Daraufhin werden Kundendaten hinsichtlich der Anforderungen an die qualitätskritischen Merkmale gesammelt und berücksichtigt.

*Messen*

Für jedes qualitätskritische Merkmal wird ein Plan zur Leistungsdatenerfassung entwickelt. In den meisten Fällen ist dies relativ einfach, da Designverbesserungsprojekte für existierende Produkte, Prozesse und Systeme umgesetzt werden. Für einige qualitätskritische Merkmale kann es jedoch schwieriger sein, Leistungsdaten einzuholen. Hier können Simulationen oder frühzeitige Testläufe genutzt werden. Sobald die Leistungsdaten für die qualitätskritischen Merkmale vorliegen, wird eine intensive Risikoanalyse durchgeführt, z.B. durch Anwendung der FMEA (Fehlermöglichkeits- und -einflussanalyse), um die Ergebnisse und die Verlässlichkeit der Daten zu beurteilen.

### CTQs als Schlüsselelement

Ein Schlüsselelement in der DMADV-Methode besteht darin, qualitätskritische Merkmale (CTQs) zu identifizieren und sicherzustellen, dass diese bei der Markteinführung zufrieden stellend erfüllt werden. In jeder Phase des überarbeiteten Produktentwicklungsprozesses müssen Tollgates installiert werden, um alle CTQs zu berücksichtigen. In vielerlei Hinsicht kommt in der DMADV-Designverbesserungsmethode den CTQs dieselbe oder vielleicht sogar größere Bedeutung als den *ys* in der DMAIC-Prozessverbesserungsmethode zu.

*Analysieren*

Jedes qualitätskritische Merkmal muss in physische Design-Parameter für das Produkt, den Prozess oder das System transformiert werden. Unter der Vielzahl der Design-Parameter eines qualitätskritischen Merkmals müssen die wenigen wirklich wichtigen identifiziert werden. Für diese Transformation und die Identifizierung ist Quality Function Deployment ein ausgezeichnetes Werkzeug.

Außerdem sollten für jedes qualitätskritische Merkmal auch die kritischen Ursachen von Variation identifiziert und beurteilt werden. Nützliche Werkzeuge hierfür sind FMEA (Fehlermöglichkeits- und -einflussanalyse), VMEA (Variationsmöglichkeits- und -einflussanalyse) und Faktorielle Versuche.

*Entwickeln*

Auf Grundlage dieses aggregierten Wissens über die qualitätskritischen Merkmale, die zugehörigen Design-Parameter und die Ursachen von Variation können Designverbesserungslösungen entwickelt sowie die Niveaus der Design-Parameter festgelegt werden.

Nachdem eine Designverbesserungslösung ausgewählt worden ist, sollte diese weiter ausgefeilt und unter der Zielsetzung der Verringerung des Kostenniveaus verbessert werden. Die zwei am meisten angewendeten Werkzeuge, welche die Projektgruppe benutzen kann, sind:

▶ Robustes Design und
▶ Toleranzdesign.

Robustes Design ist eine sehr effektive Methode, um die Zusammenhänge zwischen Design-Parametern und qualitätskritischen Merkmalen aufzudecken. Robustes Design ist eher ein Konzept, eine Methode oder eine Zielsetzung als ein Werkzeug. Es enthält mentale Modelle und Vorgehensweisen, um Werte von Design-Parametern zu finden, welche die Variation in den CTQs minimieren und dabei gleichzeitig die Zielwerte für die CTQs anpassen bzw. beibehalten. In seiner Einfachheit strebt Robustes Design danach, die Design-Parameter so festzusetzen, dass ein in ein Produkt, einen Prozess oder ein System eingehendes Signal unter geringstmöglicher Beeinflussung von Variation in Störfaktoren oder anderen Variationsquellen an das Endprodukt übertragen wird (Bild 32).

 **Die Wichtigkeit mehrerer Designverbesserungslösungen**

Es ist in der Designphase wichtig, mehrere Designverbesserungslösungen zu entwickeln. Dies ist ein kreativer Prozess, in dem Brainstorming und andere Kreativitätstechniken neue Lösungen hervorbringen können.
Die Auswahl muss auch systematisch sein, z.B. durch die Anwendung der Konzeptauswahl nach Pugh. Ein bedeutender Aspekt dieser Arbeitsweise besteht darin, dass nicht nur ein bestes Konzept ausgewählt wird, sondern dass Verbesserungen eingeführt werden, indem auch die besten der guten Ideen aus den eliminierten Lösungen berücksichtigt werden.

Nachdem ein robustes Design erreicht worden ist, muss überprüft werden, ob die aktuellen Toleranzwerte (Spezifikationsgrenzen) für die kritischsten Design-Parameter geändert werden müssen, um ein zufrieden stellendes Leistungsniveau der qualitätskritischen Merkmale zu erreichen. Hier wird oft entdeckt, dass Toleranzgrenzen zu eng gesetzt werden und dies zur Verwendung höherwertiger Teile mit höheren Kosten und einer Menge Überschussmaterial und Nacharbeit im Produktionsbereich führt. All dies, ohne dem Kunden jeglichen Wert zuzuführen, denn auch weitere Spezifikationsgrenzen hätten den Kunden zufrieden gestellt. In anderen Fällen zeigt die Überprüfung der Toleranzwerte, dass höherwertige Teile, Materialien oder Komponenten mit geringeren Spezifikationsgrenzen erforderlich sind. Dies führt zu zusätzlichen Einkaufskosten, aber häufig auch zu Kosteneinsparungen durch geringere Variation in der Produktion. Es gibt eine Reihe von Techniken und Designsoftware für Toleranzdesign (siehe auch Kapitel 7).

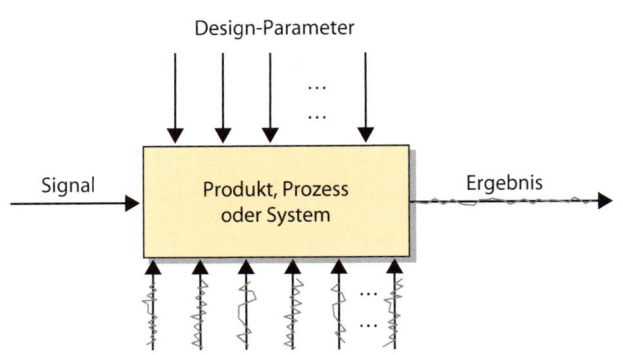

**Bild 32:** *Das Ziel von Robustem Design besteht darin, das eingehende Signal möglichst unempfindlich zu machen gegen Variation (illustriert durch Schlangenlinien) in den Störfaktoren und anderen Variationsquellen.*

Ein einfacher Weg der Umsetzung des Toleranzdesigns auf Basis der Verlustfunktion nach Taguchi ist bei General Motors gewählt worden. Die Verlustfunktion für einen Design-Parameter kann durch Kundenbefragungen bestimmt werden. Die zwei Fragen lauten:

▶ Was ist ein unbefriedigender niedriger Wert?
▶ Was ist ein unbefriedigender hoher Wert?

Summiert man für jeden Wert des Design-Parameters die Zahl der unzufriedenen Kunden, kann ein Graf der geschätzten Verlustfunktion gezeichnet und können die Toleranzen spezifiziert werden.

### Übersteuerungseffekt an einem Sportwagenmodell

Ein Designverbesserungsprojekt bei General Motors befasste sich mit dem Übersteuerungseffekt eines Sportwagenmodells, also mit der Frage, wie viel das Auto aufgrund der Geometrie seiner Vorderfront zu stark nach links oder rechts zieht. Die Verteilung des gemessenen Übersteuerungseffekts über viele produzierte Autos hinweg wurde mit den Kundenbeschwerden (Ausgleichsgeraden) verglichen. Die relative Prozentzahl von Kundenbeschwerden war nicht dort am niedrigsten, wo Designer sie vermutet hatten, sondern befand sich bei einem viel höheren Wert (des Winkelgrades). Eine Justierung des Zielwerts und der entsprechenden Spezifikationsgrenzen ergab ein viel besseres Design, siehe Bild 33 und Bild 34 (Quelle: Richard Eichler, Saab Automobile).

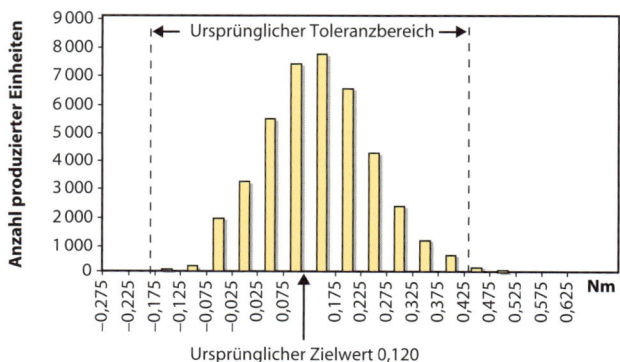

**Bild 33:** *Messungen von Übersteuerung, gemessen anhand des Kraftmoments (Nm) auf ebenem Weg*

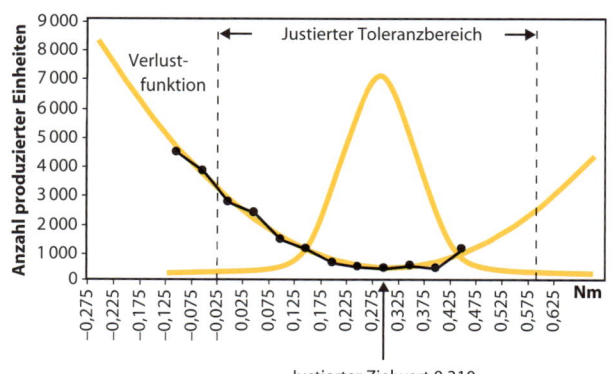

**Bild 34:** *Verteilung der Übersteuerungseffekte (Verlustfunktion) im Vergleich zur Ausgleichsgeraden der Kundenbeschwerden sowie die korrigierten Spezifikationen des Zielwerts und der Toleranzen*

*Überprüfen*

Vor der Einführung des verbesserten Designs sollte die Vorhersagbarkeit der Leistung für die ursprünglich festgelegten qualitätskritischen Merkmale erzielt werden. Dies kann sehr gut mit Regelkarten überprüft werden. Am Ende der Überprüfungsphase sollten Lerneffekte und Erfahrungen dokumentiert werden, um zukünftige Entwicklungs- und Weiterentwicklungsprojekte zu verbessern.

# 6    Projektmanagement

## WORUM GEHT ES?

Projekte unterscheiden sich in vielerlei Hinsicht von Prozessen. Diese Unterschiede werden in den folgenden Definitionen von Projekten deutlich: „Einmaliger Prozess, der aus einem Satz von abgestimmten und gelenkten Tätigkeiten mit Anfangs- und Endterminen besteht und durchgeführt wird, um ein Ziel zu erreichen, das spezifische Anforderungen erfüllt, wobei Zeit-, Kosten- und Ressourcenbeschränkungen eingeschlossen sind." (DIN EN ISO 9000:2000, S. 24)

Projekte variieren beträchtlich in Bezug auf Umfang und Größe. Betrachten wir bspw. die folgenden vier Projektarten:

▶ Bauprojekte, in denen die Durchführungsphase ortsgebunden ist;
▶ Forschungsprojekte, die oft die Zielsetzung haben, aktuelles Wissen zu erweitern;
▶ Produktionsprojekte, in denen Ausrüstungsteile, Schiffe, Flugzeuge oder andere Arten speziell entwickelter Produkte hergestellt werden;
▶ Managementprojekte, z.B. Reorganisation, neue IT-Systeme, neue Gebäude/Ausrüstungen, Änderungen der Produktion/Produktionsphilosophie, Machbarkeitsstudien und sogar Prozessverbesserungen sowie Designverbesserungen.

Alle Unternehmen führen eine große Anzahl von Managementprojekten durch. Die anderen drei Arten sind eher abhängig von der Branche. Six Sigma hat mit seinen Methoden (DMAIC und DMADV), Verbesserungswerkzeugen und Denkmodellen für jede Organisation eine große Bedeutung im Hinblick auf die Effektivität und Effizienz der Projektdurchführung. Diese Anwendung von Six Sigma auf das Management von Projekten führt zu Breakthrough-Verbesserungen in den meisten Unternehmen. Der Hauptgrund hierfür ist, genauso wie bei Prozessen, dass Variation auch Bestandteil eines jeden Projekts ist.

Die folgenden Zitate zeigen, dass im Projektmanagement das Verständnis von Variation noch zu wenig vorhanden ist. Es wird allgemein über Änderungen gesprochen, ohne den Einfluss von Variation zu erkennen. Dennis Lock, eine anerkannte Persönlichkeit im Bereich Projektmanagement, schreibt in seinem Buch „Project Management" von 1996 zum Thema Variation:

▶ „Es ist davon auszugehen, dass kein Managementprojekt vom ersten Auftrag bis zur Fertigstellung abläuft, ohne dass zumindest eine Änderung eingeführt wurde."

▶ „Unter Änderung ist in diesem Zusammenhang jede Abweichung von ursprünglichen Zeichnungen oder Spezifikationen des Projekts nach dem Projektbeginn zu verstehen."

▶ „Die allgegenwärtigen Elemente Risiko und Unsicherheit bedeuten, dass die Ereignisse und Aufgaben, die für die Fertigstellung erforderlich sind, niemals mit absoluter Genauigkeit vorhergesagt werden können."

Ein allgemeines Modell für Managementprojekte (Bild 35) kann die folgenden fünf Phasen einschließen:

▶ Vorschlagen – Ideengenerierung, Verfassen eines Projektvorschlags und die Entscheidung der Unternehmensleitung;

▶ Spezifizieren – Festlegen der Spezifikationen des Projekts, inklusive Kosten-Nutzen-Analyse, Schätzungen der Ressourcen und des Projektplans;

▶ Initiieren – Zusammenstellen des Projektteams und Projektauftakt;
▶ Umsetzen – Durchführen des Projektplans, überwachen und berichten;
▶ Überprüfen – Erstellen eines Projektabschlussberichts und Austausch von Erfahrungen.

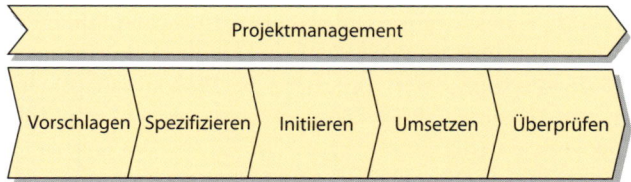

**Bild 35:** *Ein allgemeines Projektmodell für Managementprojekte in Unternehmen*

Unternehmensleitung und Six Sigma-Anwender müssen sich der bedeutenden Rolle von Managementprojekten bewusst werden und anfangen, kritische Fragen zu den Leistungen dieser Projekte zu stellen. Das Gebiet könnte auch nur „Projekte" genannt werden, aber unserer Erfahrung nach beruhen schlechte Leistungen bei Projekten in den meisten Fällen auf Mängeln in der Projektdurchführung, d. h. den angewendeten Projektmanagement-Modellen. Das Verbesserungspotenzial in den meisten Unternehmen ist sogar sehr groß, da Projekte bisher nicht Gegenstand von Verbesserungsinitiativen waren, d. h. in den meisten Fällen gibt es Potenzial für Breakthrough-Verbesserung. Die Zielsetzung besteht darin, die Six Sigma-Methoden, -Werkzeuge und -Denkmodelle in das/die Projektmanagementmodell(e) des Unternehmens zu integrieren, um (ein) Six Sigma-orientierte(s) Projektmanagementmodell(e) im Unternehmen nutzen zu können.

### Unternehmen, in denen Projekte das Kerngeschäft bilden

Unternehmen, die in Bereichen tätig sind, in denen Projekte das Kerngeschäft bilden, z.B. Bauunternehmen und Schiffswerften bis hin zu Forschungsinstituten und Beratungsunternehmen, können auch Six Sigma-orientierte Projektmodelle entwickeln. Da es bislang wenige Erfahrungen mit der Anwendung in solchen Unternehmen gibt, ist es ratsam, dass jedes Unternehmen seine eigenen Untersuchungen anstellt und eigene Wege findet, um vom Kernkonzept Six Sigma und Design for Six Sigma zu profitieren.

### Projektmanagementmodelle sind nicht formalisiert

In manchen Unternehmen sind keine formalisierten Projektmanagementmodelle für Managementprojekte vorhanden, oder allen Projektgruppen ist es freigestellt, unter einer Vielzahl von Modellen jene auszuwählen, die sie anwenden möchten. In solchen Fällen ist es schwieriger, Six Sigma in das Projektmanagement zu integrieren, und es braucht daher mehr Zeit. Die Geschäftsführung und die betroffenen Mitarbeiter müssen sich hier zuerst auf ein oder einige wenige formalisierte Projektmanagementmodelle einigen.

### WAS BRINGT ES?

Projektmanagement als Hauptanwendungsgebiet von Six Sigma ist relativ neu, ebenso wie die Tatsache, dass Six Sigma im Projektmanagement zu Breakthrough-Verbesserung führen kann. Es gibt Projektorganisationen, die Six Sigma eingeführt haben, aber dann hauptsächlich nur in einzelnen Prozessen von Projekten – sprich Prozessverbesserungen – und nicht im Projektmodell an sich.

Die Zielsetzung der Integration von Six Sigma in das Projektmanagement ist im Bild 36 dargestellt. Mit einem Six Sigma-orientierten Projektmanagementmodell soll der geplante Ablauf realisiert werden. Ein wichtiger Grund dafür ist, dass durch den besseren Umgang mit Variation im gesamten Projekt teure „Feuerwehr-Aktionen" in späten Phasen vermieden werden. Mit einem Six Sigma-orientierten Projektmanagementmodell werden derzeitige Vorgehensweisen erweitert und die Wahrscheinlichkeit, dass mehr Projekte innerhalb des geplanten Zeitrahmens und Budgets durchgeführt werden sowie das richtige Ergebnis erzielt wird, steigt beträchtlich.

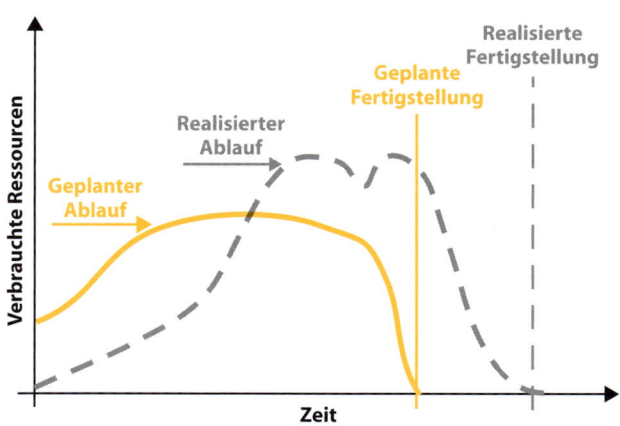

**Bild 36:** *Darstellung des geplanten und häufig realisierten Projektablaufs im Hinblick auf Ressourcen und Zeit. Das Bild basiert auf einer Darstellung von L. P. Sullivan.*

Andere Argumente dafür, Projektmanagement zu einem Hauptanwendungsgebiet einer Six Sigma-Initiative zu machen, beziehen sich darauf, dass alle Arten der Projektarbeit demselben hohen Standard entsprechen sollten. In einer Six Sigma-Initiative werden Prozessverbesserungsprojekte mit Hilfe der DMAIC-Methode und Designverbesserungsprojekte mit Hilfe der DMADV-Methode ausgeführt. Diese beiden Methoden halten einen sehr hohen Standard in Bezug auf Formalisierung, Organisation, Phasen, Tollgates, Aktivitäten und Werkzeuge. Werden auch Modelle für Managementprojekte, die nicht innerhalb von Prozess- oder Designverbesserungen liegen, revidiert, führt dies zu einer ganzheitlichen, einheitlichen und erfolgreicheren Durchführung von Managementprojekten:

▶ eine einheitliche Sprache des Projektmanagements;

▶ standardisierte Projektmodelle mit je nach Anwendungsgebiet individuell angepassten Phasen, Tollgates und Lieferungen;

▶ Unterstützung durch eine vorgegebene Kombination von Werkzeugen und Denkmodellen;

▶ kontinuierliche Überwachungen von Einsatzfaktoren und Ergebnissen;

▶ vergleichbar besseres Projektmanagement als Wettbewerber.

## WIE GEHE ICH VOR?

Zerlegt man einzelne Projekte, findet man Strukturen für Phasen, Tollgates, Aktivitäten und Projektlieferungen, Rollen und Verantwortlichkeiten sowie für den Erfahrungsaustausch zwischen Projekten. Diese Strukturen können als Modell bezeichnet werden und variieren im Grad der Formalisierung.

Wie bereits erwähnt, lautet die Zielsetzung, die Six Sigma-Methoden, -Werkzeuge und -Denkmodelle in das oder die Modelle für Managementprojekte des Unternehmens zu integrieren. Beispiele von Managementprojekten sind Reorganisation, neue IT-Systeme, neue Gebäude/Ausrüstungen, Änderungen der Produktion/Produktionsphilosophie, Machbarkeitsstudien und sogar Prozessverbesserungen sowie Designverbesserungen.

In vielerlei Hinsicht besteht die Hauptidee darin, das Beste aus der DMAIC-Prozessverbesserungsmethode und das Beste aus der DMADV-Designverbesserungsmethode zu entnehmen und für das Unternehmen ein oder mehrere Six Sigma-orientierte Projektmanagementmodelle zu entwickeln.

Die Erweiterung des bzw. der derzeitigen Modelle für Managementprojekte in Organisationen stellt ein großes Verbesserungspotenzial dar und ist für die meisten Organisationen von strategischer Bedeutung. Es erfordert daher unbedingtes Commitment der Unternehmensleitung. Zudem ist es per Definition ein Designverbesserungsprojekt, das professionell durchgeführt werden sollte, vorzugsweise mit der DMADV-Methode.

Bei Projekten, die das Ziel haben, Six Sigma-orientierte Projektmodelle auf Basis existierender Modelle zu entwickeln, wird fast immer die DMADV-Designverbesserungsmethode angewendet. Erstens, weil das Projekt an sich eine Designverbesserung verspricht, und zweitens, weil die Änderungen systematisch und auf der Grundlage von Tatsachen durchgeführt werden müssen. Es folgt nun eine übergeordnete Beschreibung.

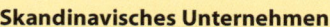
### Skandinavisches Unternehmen

In einem skandinavischen Unternehmen sind Six Sigma-orientierte Projektmodelle zu einem der Hauptthemen geworden. Der Grund: Die Geschäftsführung fragte sich, warum nicht andere Managementprojekte im Unternehmen genauso faktenbasiert, systematisch und zielgenau ausgeführt wurden wie die DMAIC-Prozessverbesserungsprojekte. Innerhalb von Wochen war das Thema eine strategische Frage, die jetzt umgesetzt wird.

*Definieren*

Ein guter Anfang ist, einige grundlegende Fragen zu stellen, um den derzeitigen Stand zu ermitteln, wie z. B.: Ist das Projektmanagementmodell

- … standardisiert und vermittelt es eine einheitliche Sprache des Projektmanagements?
- … genau dokumentiert und beschrieben mit Phasen, Tollgates, Aktivitäten und Lieferungen?
- … in regelmäßigen Abständen weiterentwickelt und verbessert?
- … durch eine vorgegebene Kombination von Werkzeugen und Denkmodellen unterstützt?
- … durchgängig in der gesamten Organisation und von allen Beteiligten angewendet?
- … kontinuierlich gemessen und überwacht, sowohl was die Einsatzfaktoren als auch die Ergebnisse betrifft?
- … vergleichbar besser als ähnliche Modelle von Wettbewerbern?

Müssen einige dieser Fragen verneint werden, beinhaltet das derzeitige Projektmanagementmodell großen Raum für Verbesserungen, welche die auszuführenden Projekte in hohem Maße beeinflussen. Daraufhin wird ein Projektvorschlag bei der Unternehmensleitung eingereicht, welche dann darüber entscheidet, wann das vorgeschlagene Designverbesserungsprojekt für das derzeitige Projektmanagementmodell gestartet werden soll.

Im nächsten Schritt werden Vorschläge für qualitätskritische Merkmale des erweiterten Projektmanagementmodells gesammelt und überprüft. Im letzten Schritt der Definitionsphase werden dann die Kundenanforderungen für die CTQs ermittelt. Beispiele von CTQs, die für Projektmanagementmodelle relevant sind:

▶ planmäßiger Projektstart,
▶ zielgerechte Projektlieferungen (Kosten, Dauer, Zeitpunkt),
▶ effektiver und planmäßiger Ablauf durch Phasen und Tollgates,
▶ Systematik und Logik,
▶ Unterstützung durch Werkzeuge,
▶ Ermöglichung bereichsübergreifender Teams,
▶ konsequente Anwendung im Unternehmen,
▶ Forderung einer gemeinsamen Sprache und
▶ Bedienungsfreundlichkeit.

*Messen*

In der Messphase werden die Leistungen der in der vorigen Phase definierten CTQs (z.B. planmäßiger Projektstart, Lieferpünktlichkeit, Kosten, Anzahl eingesetzter Werkzeuge) vornehmlich an existierenden Projektmodellen gemessen. Alternativ können auch vergangene Daten mit einbezogen werden. Das Einholen von Informationen über Erfahrungen aus abgeschlossenen Projekten, in denen das Modell bereits zur Anwendung kam, ist sehr wichtig.

In dieser Phase des Projekts sollte auch eine Risikoanalyse angestellt werden, z.B. durch FMEA (Fehlermöglichkeits- und -einflussanalyse).

### Analysieren

Im ersten Schritt der Analysephase müssen die identifizierten CTQs in physische Design-Parameter von Projekten überführt werden, anschließend erfolgt eine systematische Identifizierung der kritischen Design-Parameter. Hierbei kann das House of Quality hilfreich sein, wobei dieses gleichzeitig auch eine Struktur liefert für ein Benchmarking der derzeitigen Projektmanagementmethode sowie z.B. Six Sigma-DMAIC und Six Sigma-DMDV. Beispiele von physischen Design-Parametern für CTQs von Projektmanagementmodellen sind:

- Anzahl der Phasen,
- Anzahl der Tollgates,
- Anzahl der Werkzeuge,
- Schwierigkeitsgrad der Werkzeuge,
- Anzahl erforderlicher Schulungsstunden,
- Grad der Systemunterstützung und
- Grad der Anwendung im Unternehmen.

### Verbessern

Unter Anwendung der im Projekt bereits gesammelten Erfahrungen werden dann Alternativen zum vorhandenen Projektmanagementmodell entwickelt. Im Grunde genommen werden alternative Projektmanagementmodelle entwickelt, die alle eine Spezifizierung des Inhalts im Hinblick auf Phasen, Tollgates, Aktivitäten, Lieferungen, Werkzeuge und Denkmodelle enthalten. Betrachten wir die Werkzeuge. Die Sieben-mal-sieben-Toolbox umfasst eine Reihe von Werkzeugen, die in so gut wie jedem Projekt zur Wertschöpfung beitragen können, insbesondere die sieben Projekt-Werkzeuge mit Netzplan, Projekt- und Teambeschreibung, CTQ-Analyse, Baumdiagramm, Fähigkeitsanalyse, Kosten-Nutzen-Analyse und Regelkarte.

Daraufhin ist die beste Lösung zu bestimmen, z.B. durch Anwendung der Konzeptauswahl nach Pugh (siehe Kapitel 7). Danach wird die ausgewählte Lösung gründlich überprüft, um sie evtl. noch zu verbessern.

### Ist das Six Sigma-orientierte Projektmodell robust?

Wenn beispielsweise ein CTQ heißt, das verbesserte Projektmanagementmodell solle durchgehend im gesamten Unternehmen für alle Projekte einer bestimmten Größe angewendet werden, wie kann dieses dann sichergestellt werden? Hierbei muss das Design des verbesserten Modells robust sein. Die Robustheit hängt sehr oft von dem komplexen Dreieck, gebildet aus Modell, Unternehmensleitung und Benutzer, ab. Teile der robusten Lösung würden natürlich Folgendes beinhalten:

- die Forderung der Unternehmensleitung, dass alle Projekte dem erweiterten Modell folgen sollen;
- Ausbildung aller Projektleiter und Sponsoren;
- Projektdatenbank mit der neuen Struktur;
- Sponsoren beginnen kein Projekt, in der aus der Projektbeschreibung nicht deutlich die konsequente Anwendung des verbesserten Modells hervorgeht.

*Überprüfen*

In der Überprüfungsphase sollte sich die Projektgruppe darauf konzentrieren, die Anwendung des erweiterten Projektmodells an laufenden Projekten zu überwachen. Dabei ist die Leistung des Projektmanagementmodells in Bezug auf die CTQs zu messen und es muss ermittelt werden, ob die Leistung vorhersagbar ist, z.B. der Grad konsequenter Anwendung. Weiterhin sollte auch eine Schätzung der mit dem Designverbesserungsprojekt erzielten Ergebnisverbesserung im Vergleich zum existierenden Projektmanagementmodell eingeschlossen werden. Vermutlich wird diese sehr hohe Zahlen aufweisen.

Zum Schluss sollten Erfahrungen aus dem Projekt dokumentiert und weitervermittelt werden sowie Empfehlungen für weitere Verbesserungen des erweiterten Modells abgegeben werden.

### Von Projekten zu Strukturen

Es ist ratsam, die gleiche Vorgehensweise auf die Erweiterung aller Arten von Projektmodellen anzuwenden, selbst dann, wenn die Definition von Projektmodellen bis auf andere Elemente der Organisationsstruktur ausgeweitet wird, wie z.B. das Organisationsmodell, strategische Planung, Produktionssystem, IT-Strukturen, Budget- und Berichtsstrukturen, CRM-Systeme, Marketingpläne, Qualitätssysteme, Lieferantenbeurteilungssysteme usw. Solch ein weit gefasster Umfang führt uns auf natürliche Weise weiter zum vierten und letzten Anwendungsbereich von Six Sigma, den Entwicklungsprozessen in Unternehmen, die im nächsten Kapitel besprochen werden.

# 7 Entwicklungsprozesse

**WORUM GEHT ES?**

Das vierte Anwendungsgebiet von Six Sigma ist die Integration von Six Sigma in Entwicklungsprozesse. Der Entwicklungsprozess umfasst hierbei neue Produkte (materielle Güter und Dienstleistungen) sowie auch Prozesse und Systeme. Die Zielsetzung besteht darin, die designspezifischen Methoden, Werkzeuge und Denkmodelle von Six Sigma (oft „Design for Six Sigma" genannt) in die Entwicklungsprozesse zu integrieren. Die Bezeichnung „Design for Six Sigma" wird in diesem Buch nicht so häufig ausdrücklich erwähnt, da Design for Six Sigma als ein Bestandteil von Six Sigma betrachtet wird und es lediglich die Umsetzung von Six Sigma in Designverbesserungsprojekten und Entwicklungsprozessen darstellt.

Praktisch gesehen gibt es zwischen der Integration von Six Sigma in Entwicklungsprozesse und der Integration von Six Sigma in Projektmanagementmodelle von Unternehmen viele Gemeinsamkeiten. Eine besteht darin, dass erfolgreiche Unternehmen keine Informationen teilen möchten, wenn diese einen Wettbewerbsvorteil darstellen. Zudem handelt es sich bei beiden Anwendungsgebieten hauptsächlich um Breakthrough-Verbesserungsbereiche.

Aufgrund des steigenden Bewusstseins dafür, welchen Einfluss die Entwicklung von Produkten auf den nachhaltigen Erfolg von Unternehmen hat, rückt das Augenmerk heute zunehmend auf die Design- und Entwicklungsfunktionen der Unternehmen. Es gibt aber noch einige weitere Aspekte, die zu dem steigenden Druck beitragen. Z.B. haben Studien gezeigt, dass 60 bis 80% aller Qualitätsprobleme eines Unternehmens mit einem Produkt in den Designphasen sozusagen in das Produkt, den Prozess und/oder das System „hineinentwickelt" worden sind.

Neue Produkte gehen immer wieder an den Bedürfnissen der Kunden vorbei, d.h. die kundenkritischen Merkmale (CTQs) werden nicht erfüllt. Dasselbe gilt offensichtlich auch für die prozesskritischen und die vorgabenkritischen Merkmale. Projekte zur Entwicklung neuer Produkte neigen auch dazu, Ressourcen und Zeitpläne beträchtlich zu überschreiten. Bei neuen Produkten, die am Markt eingeführt werden, fehlt es manchmal an geeigneter neuer Technologie und ihr Lebenszyklus ist daher kürzer als notwendig.

Wichtige Entscheidungen in Projekten werden häufig auf Grundlage von Erfahrungen statt auf Grundlage von Fakten getroffen, z.B. wenn bestimmt werden soll, inwieweit ein Produkt Schlüsselanforderungen erfüllt oder beim Setzen der Spezifikationsgrenzen (Toleranzen). Und letztendlich scheinen Qualitätsfragen vom Entwicklungsprozess getrennt statt in den Prozess einbezogen zu werden (Bild 37). Kurz gesagt sind die negativen Auswirkungen auf die Rentabilität,

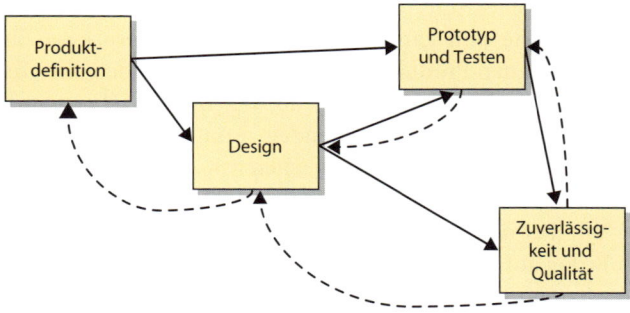

**Bild 37:** *Zuverlässigkeit und Qualität werden oft von Entwicklungsaktivitäten getrennt statt als integrierte Aktivitäten betrachtet.*

die Marke und die Kundenzufriedenheit möglicherweise enorm, die diese Beispiele haben.

Sucht man nach allgemeinen Ursachen für die erwähnte Herausforderung, wird deutlich, dass Entwicklungsprozesse ein äußerst aktuelles Thema sind. In der Obstbaum-Analogie im Kapitel 1 wurde festgestellt, dass es in Unternehmen heute viele hoch hängende Früchte gibt. Es wurde auch darauf hingewiesen, dass diese nicht einfach geerntet, sondern stattdessen herausgefunden werden sollte, wie diese hoch hängenden Früchte überhaupt entstehen können. Analysiert man die Äste, die das Verbesserungspotenzial hervorbringen, ist es ein unumstößlicher und unglückseliger Befund, dass der Designprozess der Hauptlieferant von Verbesserungsfrüchten ist.

> **Giorgio Armanis Definition von Design**
> Nach Giorgio Armani sind die drei goldenen Regeln des Designs: „Eliminiere das Überflüssige, betone das Komfortable und erkenne die Eleganz des Einfachen."

Neue Produkte, Prozesse und Systeme hervorzubringen ist oft komplex und umfassend. Es erfordert systematische, formalisierte und ganzheitliche Entwicklungsprozesse. Ein Modell für den Produktentwicklungsprozess bildete die „Integrierte Produktentwicklung" ab, vgl. Bild 38. Hier wurde auf einen funktionsübergreifenden Ansatz Wert gelegt, und das Modell weist viele Ähnlichkeiten mit „Simultaneous Engineering" und „Concurrent Engineering" auf.

Wie bei den Projektmanagementmodellen können auch in Bezug auf den Entwicklungsprozess sieben Fragen gestellt werden, um den derzeitigen Stand zu ermitteln, wie z. B.:
Ist der Entwicklungsprozess

▶ … standardisiert und liefert er eine einheitliche Sprache?

▶ … genau dokumentiert und beschrieben mit Phasen, Toll-gates, Aktivitäten und Lieferungen?

▶ … in regelmäßigen Abständen weiterentwickelt und ver-bessert?

▶ … durch eine vorgegebene Kombination von Werkzeugen und Denkmodellen unterstützt?

▶ … durchgängig in der gesamten Organisation und von al-len Beteiligten angewendet?

▶ … kontinuierlich gemessen und überwacht, sowohl was die Einsatzfaktoren als auch die Ergebnisse betrifft?

▶ … vergleichbar besser als ähnliche Modelle von Wettbe-werbern?

Müssen einige dieser Fragen verneint werden, enthält der derzeitige Entwicklungsprozess selbst ein enormes Verbesse-rungspotenzial, d.h. es bestehen Möglichkeiten für Break-through-Verbesserung.

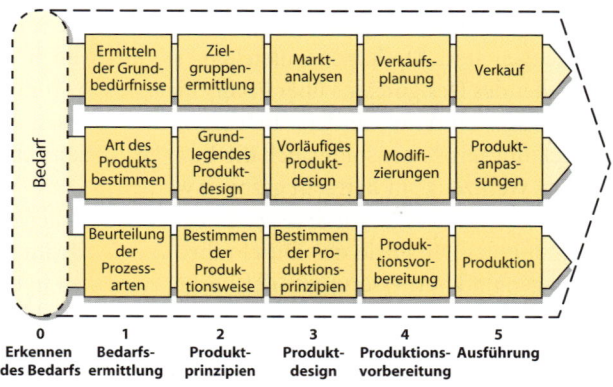

**Bild 38:** *Ein allgemeiner Entwicklungsprozess mit parallelen Entwick-lungsaktivitäten nach Fredy Olsson (1976)*

## WAS BRINGT ES?

Durch die Integration designspezifischer Methoden, Werkzeuge und Denkmodelle von Six Sigma in existierende Entwicklungsprozesse entstehen viele Vorteile. Der größte Vorteil ist die gesteigerte Kundenzufriedenheit. Diese entsteht dadurch, dass die Kunden bessere Produkte erhalten, weil die Variation hinsichtlich qualitätskritischer Merkmale im Design reduziert wurde. Die Folge davon sind Produkte, die

▶ besser sind als Vorgänger und die der Konkurrenz,

▶ schneller sind aufgrund der Reduktion von Entwicklungszeiten,

▶ zuverlässiger sind und ein ausgeglichenes Preis-Qualitäts-Verhältnis haben und

▶ billiger sind aufgrund der Reduktion unnötiger Produktionskosten.

Ein anderer Vorteil besteht darin, dass durch die Integration eine einheitliche Sprache und ein einheitliches Set an Werkzeugen und Methoden entstehen, wodurch auch die Mitglieder des Designteams über Fachgebietsgrenzen hinweg zusammengeschweißt werden. In den frühen Phasen des Entwicklungsprozesses sollte auch die Integration der sieben Kunden-Werkzeuge in Betracht gezogen werden.

Der Kern von Design for Six Sigma liegt in der Vorhersage der Designqualität sowie der Durchführung von Qualitätsmessungen und Verbesserungen der Vorhersagbarkeit in den frühen Entwurfsphasen – ein viel wirkungsvollerer und kostengünstigerer Weg, Six Sigma-Qualität zu erreichen, statt zu versuchen, die Probleme zu einem späteren Zeitpunkt zu lösen. Ein wirkungsvolles Design for Six Sigma-Programm muss Werkzeuge benutzen, die jede Designphase berücksichtigen.

### ➡️ Verbesserung von CTQs

Berichte eines Pioniers in Design for Six Sigma zeigen, wie das Unternehmen mit der Überprüfung von CTQs und deren Leistungen in Plänen neuer Produkte und Prozesse (Tabelle 6) erfolgreich ist. Es zeigt auch, dass nicht alle CTQs für eine Leistung von sechs Sigma entwickelt wurden, wie man fälschlicherweise auf Grund der Bezeichnung „Design for Six Sigma" meinen könnte. Es geht vielmehr darum, kontinuierlich immer mehr CTQs auf ein höheres Leistungsniveau zu bringen. Die Wirkung, die dieser Schritt auf die Leistung von Produkten im Markt hat, ist außerordentlich. Die Tabelle zeigt jedoch, dass dies Zeit braucht und eine Menge Ressourcen erfordert.

|  | 0–6 Monate | 7–12 Monate | 13–18 Monate |
|---|---|---|---|
| Neue Zeichnungen, die im Hinblick auf CTQs überprüft worden sind | 59 % | 73 % | 84 % |
| % CTQs entworfen für > 6 sigma | 2 % | 3 % | 2 % |
| % CTQs entworfen für 6 sigma to 5 sigma | 7 % | 3 % | 1 % |
| % CTQs entworfen für 5 sigma to 4 sigma | 8 % | 3 % | 38 % |
| % CTQs entworfen für < 4 sigma | 83 % | 80 % | 59 % |

***Tab. 6:*** *Deutliche Verbesserungen der Leistung in CTQs durch die Integration von Six Sigma in der Entwicklung*

Ein weiterer Aspekt der Integration von Six Sigma in den Entwicklungsprozess besteht darin, die Entwicklungsingenieure vor der Freigabe testen zu lassen, wie gut das Design im Hinblick auf die CTQs ist. Dies bedeutet, dass dadurch der Entwicklungsprozess und die wirkliche Prozessfähigkeit aufeinander abgestimmt werden. Dies entspricht dem Prinzip des „Concurrent Engineering" und ermöglicht es, Produkte zu entwickeln, die die Kundenerwartungen übertreffen.

### WIE GEHE ICH VOR?

Das Verbesserungspotenzial im Entwicklungsprozess wird verwirklicht, indem der derzeitige Prozess analysiert und mit Hilfe designspezifischer Methoden, Werkzeuge und Denkmodelle von Six Sigma entwickelt wird. Dies enthält unter anderem

▶ die DMADV-Methode,
▶ die Berücksichtigung qualitätskritischer Merkmale (CTQs) sowie
▶ die Anwendung der sieben Kunden-Werkzeuge und der sieben Design-Werkzeuge.

Anhand eines allgemeinen Modells zur Produktentwicklung wollen wir erläutern, wie die Integration in unterschiedliche Entwicklungsprozesse stattfinden kann. Das Modell enthält Iterationen in drei Phasen auf verschiedenen Produktebenen, angefangen bei Produktfamilien über einzelne Produkte bis hin zu Teilsystemen und Komponenten (Bild 39). Jede Wiederholung enthält die drei Schritte „Anforderung", „Konzept" und „Verbesserung" (AKV):

▶ Anforderung: Die Bedürfnisse und Anforderungen der Kunden, der Produktion und der höheren Systemebenen sollen gesammelt, verstanden, beurteilt und in Produktanforderungen überführt werden.

▷ Konzept: Es sollte eine relativ große Anzahl verschiedener Konzepte entwickelt werden, welche die Produktanforderungen erfüllen. Eines der Konzepte sollte ausgewählt werden, wenn möglich, nachdem einige Verbesserungen durchgeführt worden sind. In diesem Schritt ist Kreativität gefordert.

▷ Verbesserung: Das ausgewählte Konzept wird systematisch verbessert, d.h. durch Anwendung von Zuverlässigkeitsanalysen, Faktoriellen Versuchen und Robustem Design.

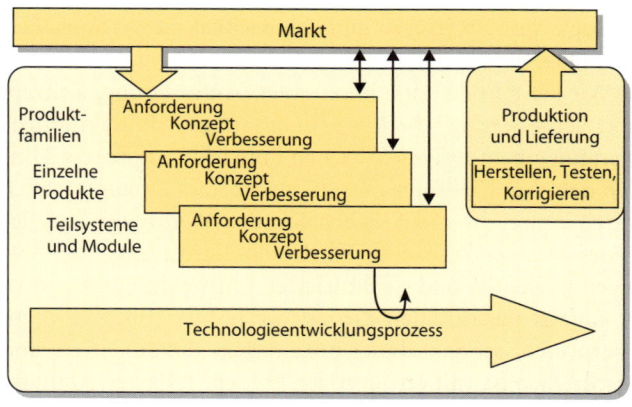

**Bild 39:** *Das Modell zur Neuproduktentwicklung von Don Clausing*

Im Modell kommt der Produktion wenig Aufmerksamkeit zu. Beachten Sie das kleine Rechteck „Herstellen, Testen, Korrigieren". Traditionell ist das die wichtigste Teilaufgabe, um sicherzustellen, dass Produkte ein vernünftiges Qualitätsniveau halten. Mittlerweile wird dies als eine sehr kostspielige Vorgehensweise betrachtet, die zu Verspätungen sowie teuren und häufig erfolglosen Änderungen führt. In vielen Unternehmen und Branchen ist jedoch immer noch die traditionelle Vorgehensweise dominierend. Ein bedeutender Aspekt ist der spezielle Technologieentwicklungsprozess. Dies ist ein aus der Design for Six Sigma-Perspektive besonders interessanter Prozess. Wenn Technologielösungen gegen viele Ursachen von Variation, einschließlich verschiedener Systemeinflüsse, robust gemacht werden können, entsteht eine gute Grundlage für schnelle, kostengünstige und effektive Produktentwicklung. Dieses Gebiet betrachten wir für die Zukunft als das wichtigste im Hinblick auf Breakthrough-Verbesserungen und den nachhaltigen Erfolg neuer Produkte.

Wie kann in den drei Iterationen „Anforderung, Konzept und Verbesserung" die Integration erfolgen? Für Unternehmen mit einem fortgeschrittenen Entwicklungsprozess, ähnlich dem von Clausing, erfolgt die Integration hauptsächlich durch Anwendung der sieben Kunden-Werkzeuge und der sieben Design-Werkzeuge. Für Unternehmen mit einem weniger effizienten und strukturierten Entwicklungsprozess ist es äußerst wichtig, den Prozess als Teil der Integration zu überprüfen, so dass dieser angemessen dokumentiert und beschrieben ist, mit vernünftigen Phasen, Tollgates, Aktivitäten und Lieferungen. Lassen Sie uns kurz die Integration von Six Sigma in den drei Iterationen erläutern:

### Anforderung

Die erste Aktivität im Schritt „Anforderung" besteht in der Identifizierung der Bedürfnisse und Anforderungen an das Produkt. Wir verweisen hier wiederum auf das Modell der qualitätskritischen Merkmale (CTQs), das kundenkritische, prozesskritische und vorgabenkritische Merkmale umfasst (Bild 12 im Kapitel 2). Um sicherzustellen, dass die richtigen CTQs identifiziert werden, ist es wichtig, dass die adäquaten Informationsquellen genutzt und Werkzeuge angewendet werden, z.B. Kundeninterviews, Kundenfragebögen und Conjoint Analysis.

Die nächste Aktivität der Anforderungsphase beinhaltet die Überführung der CTQs in Design-Parameter, die die physischen Eigenschaften des Produkts darstellen. Benutzt man die Terminologie der Prozessverbesserungen, bedeutet dies, die $x$s (Design-Parameter) zu identifizieren, die einen Einfluss auf $y$ (CTQs) haben. Für eine systematische Übersetzung der Anforderungen in Design-Parameter ist insbesondere das erste der vier Häuser in Quality Function Deployment anzuwenden, das so genannte „House of Quality". Ein Werkzeug, das hervorragend geeignet ist, um ein besseres Verständnis der ermittelten Bedürfnisse und Anforderungen zu erhalten, ist das Kano-Modell für Kundenzufriedenheit.

*Konzept*

In der Konzeptphase ist es wichtig, sich nicht mit einer möglichen Lösung zufrieden zu geben, sondern zu versuchen, mehrere Konzepte zu entwickeln. Diese Konzeptentwicklung ist ein kreativer Prozess, in dem Brainstorming und andere innovative Methoden neue Lösungen hervorbringen können, sowohl für neue als auch für alte Probleme. Zwei interessante und wirkungsvolle Werkzeuge hierfür sind TRIZ (russische Abkürzung für „Theorie kreativer Problemlösung") und „Pugh Concept Selection" (Konzeptauswahl nach Pugh; siehe Pocket Power „Kreativitätstechniken").

*Verbesserung*

Nachdem ein Konzept für ein System ausgewählt worden ist, sollte dieses Konzept weiter ausgefeilt und unter der Zielsetzung der Verringerung des Kostenniveaus verbessert werden. Besonders Aspekte wie Sicherheit, Zuverlässigkeit, Fehlerfreiheit, Produzierbarkeit, Verlässlichkeit, Robustheit und Toleranzen sollten betrachtet werden. Es gibt eine Reihe von Werkzeugen, die den Designern helfen können, diese verschiedenen Punkte zu berücksichtigen, wie z. B.:

▶ Für Sicherheit, Zuverlässigkeit und Fehlerfreiheit des Produktdesigns ist die Fehlermöglichkeits- und -einflussanalyse (FMEA) und/oder die Variationsmöglichkeits- und -einflussanalyse (VMEA) zu empfehlen.

▶ Für Sicherheit, Zuverlässigkeit, Fehlerfreiheit und Produzierbarkeit eines Prozesses sind die Prozess-FMEA und die Prozess-VMEA zu empfehlen.

▶ Für Zuverlässigkeit und Robustheit ist die Methode des Robusten Designs ein umfassendes und sehr wirkungsvolles Werkzeug, während das Setzen von Spezifikationsgrenzen normalerweise durch Toleranzdesign erfolgt (siehe DMADV-Designverbesserungsbeispiele im Kapitel 6).

---

**Unterstützende CAD/CAM-Software**

Führende CAD/CAM-Software unterstützt heute den ganzen Entwicklungsprozess. Zunehmend wird auch zusätzliche Software für Robustes Design und Toleranzdesign angewendet (z. B. CETOL $6\sigma$ von Sigmetrix).

# Anhang 1: Normalverteilungstabelle

*P(X ≥ z) für X = N(0,1), z~[0,00, 1,99]*

| z | 0.00 | 0.01 | 0.02 | 0.03 | 0.04 | 0.05 | 0.06 | 0.07 | 0.08 | 0.09 |
|---|---|---|---|---|---|---|---|---|---|---|
| 0.0 | 5.00E-01 | 4.96E-01 | 4.92E-01 | 4.88E-01 | 4.84E-01 | 4.80E-01 | 4.76E-01 | 4.72E-01 | 4.68E-01 | 4.64E-01 |
| 0.1 | 4.60E-01 | 4.56E-01 | 4.52E-01 | 4.48E-01 | 4.44E-01 | 4.40E-01 | 4.36E-01 | 4.33E-01 | 4.29E-01 | 4.25E-01 |
| 0.2 | 4.21E-01 | 4.17E-01 | 4.13E-01 | 4.09E-01 | 4.05E-01 | 4.01E-01 | 3.97E-01 | 3.94E-01 | 3.90E-01 | 3.86E-01 |
| 0.3 | 3.82E-01 | 3.78E-01 | 3.74E-01 | 3.71E-01 | 3.67E-01 | 3.63E-01 | 3.59E-01 | 3.56E-01 | 3.52E-01 | 3.48E-01 |
| 0.4 | 3.45E-01 | 3.41E-01 | 3.37E-01 | 3.34E-01 | 3.30E-01 | 3.26E-01 | 3.23E-01 | 3.19E-01 | 3.16E-01 | 3.12E-01 |
| 0.5 | 3.09E-01 | 3.05E-01 | 3.02E-01 | 2.98E-01 | 2.95E-01 | 2.91E-01 | 2.88E-01 | 2.84E-01 | 2.81E-01 | 2.78E-01 |
| 0.6 | 2.74E-01 | 2.71E-01 | 2.68E-01 | 2.64E-01 | 2.61E-01 | 2.58E-01 | 2.55E-01 | 2.51E-01 | 2.48E-01 | 2.45E-01 |
| 0.7 | 2.42E-01 | 2.39E-01 | 2.36E-01 | 2.33E-01 | 2.30E-01 | 2.27E-01 | 2.24E-01 | 2.21E-01 | 2.18E-01 | 2.15E-01 |
| 0.8 | 2.12E-01 | 2.09E-01 | 2.06E-01 | 2.03E-01 | 2.00E-01 | 1.98E-01 | 1.95E-01 | 1.92E-01 | 1.89E-01 | 1.87E-01 |
| 0.9 | 1.84E-01 | 1.81E-01 | 1.79E-01 | 1.76E-01 | 1.74E-01 | 1.71E-01 | 1.69E-01 | 1.66E-01 | 1.64E-01 | 1.61E-01 |
| 1.0 | 1.59E-01 | 1.56E-01 | 1.54E-01 | 1.52E-01 | 1.49E-01 | 1.47E-01 | 1.45E-01 | 1.42E-01 | 1.40E-01 | 1.38E-01 |
| 1.1 | 1.36E-01 | 1.33E-01 | 1.31E-01 | 1.29E-01 | 1.27E-01 | 1.25E-01 | 1.23E-01 | 1.21E-01 | 1.19E-01 | 1.17E-01 |
| 1.2 | 1.15E-01 | 1.13E-01 | 1.11E-01 | 1.09E-01 | 1.07E-01 | 1.06E-01 | 1.04E-01 | 1.02E-01 | 1.00E-01 | 9.85E-02 |
| 1.3 | 9.68E-02 | 9.51E-02 | 9.34E-02 | 9.18E-02 | 9.01E-02 | 8.85E-02 | 8.69E-02 | 8.53E-02 | 8.38E-02 | 8.23E-02 |
| 1.4 | 8.08E-02 | 7.93E-02 | 7.78E-02 | 7.64E-02 | 7.49E-02 | 7.35E-02 | 7.21E-02 | 7.08E-02 | 6.94E-02 | 6.81E-02 |
| 1.5 | 6.68E-02 | 6.55E-02 | 6.43E-02 | 6.30E-02 | 6.18E-02 | 6.06E-02 | 5.94E-02 | 5.82E-02 | 5.71E-02 | 5.59E-02 |
| 1.6 | 5.48E-02 | 5.37E-02 | 5.26E-02 | 5.16E-02 | 5.05E-02 | 4.95E-02 | 4.85E-02 | 4.75E-02 | 4.65E-02 | 4.55E-02 |
| 1.7 | 4.46E-02 | 4.36E-02 | 4.27E-02 | 4.18E-02 | 4.09E-02 | 4.01E-02 | 3.92E-02 | 3.84E-02 | 3.75E-02 | 3.67E-02 |
| 1.8 | 3.59E-02 | 3.51E-02 | 3.44E-02 | 3.36E-02 | 3.29E-02 | 3.22E-02 | 3.14E-02 | 3.07E-02 | 3.01E-02 | 2.94E-02 |
| 1.9 | 2.87E-02 | 2.81E-02 | 2.74E-02 | 2.68E-02 | 2.62E-02 | 2.56E-02 | 2.50E-02 | 2.44E-02 | 2.39E-02 | 2.33E-02 |

$P(X \geq z)$ für $X = N(0,1)$, $z \sim [2{,}00, 3{,}99]$

| z | 0.00 | 0.01 | 0.02 | 0.03 | 0.04 | 0.05 | 0.06 | 0.07 | 0.08 | 0.09 |
|---|---|---|---|---|---|---|---|---|---|---|
| 2.0 | 2.28E-02 | 2.22E-02 | 2.17E-02 | 2.12E-02 | 2.07E-02 | 2.02E-02 | 1.97E-02 | 1.92E-02 | 1.88E-02 | 1.83E-02 |
| 2.1 | 1.79E-02 | 1.74E-02 | 1.70E-02 | 1.66E-02 | 1.62E-02 | 1.58E-02 | 1.54E-02 | 1.50E-02 | 1.46E-02 | 1.43E-02 |
| 2.2 | 1.39E-02 | 1.36E-02 | 1.32E-02 | 1.29E-02 | 1.25E-02 | 1.22E-02 | 1.19E-02 | 1.16E-02 | 1.13E-02 | 1.10E-02 |
| 2.3 | 1.07E-02 | 1.04E-02 | 1.02E-02 | 9.90E-03 | 9.64E-03 | 9.39E-03 | 9.14E-03 | 8.89E-03 | 8.66E-03 | 8.42E-03 |
| 2.4 | 8.20E-03 | 7.98E-03 | 7.76E-03 | 7.55E-03 | 7.34E-03 | 7.14E-03 | 6.95E-03 | 6.76E-03 | 6.57E-03 | 6.39E-03 |
| 2.5 | 6.21E-03 | 6.04E-03 | 5.87E-03 | 5.70E-03 | 5.54E-03 | 5.39E-03 | 5.23E-03 | 5.08E-03 | 4.94E-03 | 4.80E-03 |
| 2.6 | 4.66E-03 | 4.53E-03 | 4.40E-03 | 4.27E-03 | 4.15E-03 | 4.02E-03 | 3.91E-03 | 3.79E-03 | 3.68E-03 | 3.57E-03 |
| 2.7 | 3.47E-03 | 3.36E-03 | 3.26E-03 | 3.17E-03 | 3.07E-03 | 2.98E-03 | 2.89E-03 | 2.80E-03 | 2.72E-03 | 2.64E-03 |
| 2.8 | 2.56E-03 | 2.48E-03 | 2.40E-03 | 2.33E-03 | 2.26E-03 | 2.19E-03 | 2.12E-03 | 2.05E-03 | 1.99E-03 | 1.93E-03 |
| 2.9 | 1.87E-03 | 1.81E-03 | 1.75E-03 | 1.69E-03 | 1.64E-03 | 1.59E-03 | 1.54E-03 | 1.49E-03 | 1.44E-03 | 1.39E-03 |
| 3.0 | 1.35E-03 | 1.31E-03 | 1.26E-03 | 1.22E-03 | 1.18E-03 | 1.14E-03 | 1.11E-03 | 1.07E-03 | 1.04E-03 | 1.00E-03 |
| 3.1 | 9.68E-04 | 9.36E-04 | 9.04E-04 | 8.74E-04 | 8.45E-04 | 8.16E-04 | 7.89E-04 | 7.62E-04 | 7.36E-04 | 7.11E-04 |
| 3.2 | 6.87E-04 | 6.64E-04 | 6.41E-04 | 6.19E-04 | 5.98E-04 | 5.77E-04 | 5.57E-04 | 5.38E-04 | 5.19E-04 | 5.01E-04 |
| 3.3 | 4.83E-04 | 4.67E-04 | 4.50E-04 | 4.34E-04 | 4.19E-04 | 4.04E-04 | 3.90E-04 | 3.76E-04 | 3.62E-04 | 3.50E-04 |
| 3.4 | 3.37E-04 | 3.25E-04 | 3.13E-04 | 3.02E-04 | 2.91E-04 | 2.80E-04 | 2.70E-04 | 2.60E-04 | 2.51E-04 | 2.42E-04 |
| 3.5 | 2.33E-04 | 2.24E-04 | 2.16E-04 | 2.08E-04 | 2.00E-04 | 1.93E-04 | 1.85E-04 | 1.79E-04 | 1.72E-04 | 1.65E-04 |
| 3.6 | 1.59E-04 | 1.53E-04 | 1.47E-04 | 1.42E-04 | 1.36E-04 | 1.31E-04 | 1.26E-04 | 1.21E-04 | 1.17E-04 | 1.12E-04 |
| 3.7 | 1.08E-04 | 1.04E-04 | 9.96E-05 | 9.58E-05 | 9.20E-05 | 8.84E-05 | 8.50E-05 | 8.16E-05 | 7.84E-05 | 7.53E-05 |
| 3.8 | 7.24E-05 | 6.95E-05 | 6.67E-05 | 6.41E-05 | 6.15E-05 | 5.91E-05 | 5.67E-05 | 5.44E-05 | 5.22E-05 | 5.01E-05 |
| 3.9 | 4.81E-05 | 4.62E-05 | 4.43E-05 | 4.25E-05 | 4.08E-05 | 3.91E-05 | 3.75E-05 | 3.60E-05 | 3.45E-05 | 3.31E-05 |

$P(X \geq z)$ für $X = N(0,1)$, $z\sim[4{,}00, 6{,}09]$

| z | 0.00 | 0.01 | 0.02 | 0.03 | 0.04 | 0.05 | 0.06 | 0.07 | 0.08 | 0.09 |
|---|---|---|---|---|---|---|---|---|---|---|
| 4.0 | 3.17E-05 | 3.04E-05 | 2.91E-05 | 2.79E-05 | 2.67E-05 | 2.56E-05 | 2.45E-05 | 2.35E-05 | 2.25E-05 | 2.16E-05 |
| 4.1 | 2.07E-05 | 1.98E-05 | 1.90E-05 | 1.81E-05 | 1.74E-05 | 1.66E-05 | 1.59E-05 | 1.52E-05 | 1.46E-05 | 1.40E-05 |
| 4.2 | 1.34E-05 | 1.28E-05 | 1.22E-05 | 1.17E-05 | 1.12E-05 | 1.07E-05 | 1.02E-05 | 9.78E-06 | 9.35E-06 | 8.94E-06 |
| 4.3 | 8.55E-06 | 8.17E-06 | 7.81E-06 | 7.46E-06 | 7.13E-06 | 6.81E-06 | 6.51E-06 | 6.22E-06 | 5.94E-06 | 5.67E-06 |
| 4.4 | 5.42E-06 | 5.17E-06 | 4.94E-06 | 4.72E-06 | 4.50E-06 | 4.30E-06 | 4.10E-06 | 3.91E-06 | 3.74E-06 | 3.56E-06 |
| 4.5 | 3.40E-06 | 3.24E-06 | 3.09E-06 | 2.95E-06 | 2.82E-06 | 2.68E-06 | 2.56E-06 | 2.44E-06 | 2.33E-06 | 2.22E-06 |
| 4.6 | 2.11E-06 | 2.02E-06 | 1.92E-06 | 1.83E-06 | 1.74E-06 | 1.66E-06 | 1.58E-06 | 1.51E-06 | 1.44E-06 | 1.37E-06 |
| 4.7 | 1.30E-06 | 1.24E-06 | 1.18E-06 | 1.12E-06 | 1.07E-06 | 1.02E-06 | 9.69E-07 | 9.22E-07 | 8.78E-07 | 8.35E-07 |
| 4.8 | 7.94E-07 | 7.56E-07 | 7.19E-07 | 6.84E-07 | 6.50E-07 | 6.18E-07 | 5.88E-07 | 5.59E-07 | 5.31E-07 | 5.05E-07 |
| 4.9 | 4.80E-07 | 4.56E-07 | 4.33E-07 | 4.12E-07 | 3.91E-07 | 3.72E-07 | 3.53E-07 | 3.35E-07 | 3.18E-07 | 3.02E-07 |
| 5.0 | 2.87E-07 | 2.73E-07 | 2.59E-07 | 2.46E-07 | 2.33E-07 | 2.21E-07 | 2.10E-07 | 1.99E-07 | 1.89E-07 | 1.79E-07 |
| 5.1 | 1.70E-07 | 1.61E-07 | 1.53E-07 | 1.45E-07 | 1.38E-07 | 1.30E-07 | 1.24E-07 | 1.17E-07 | 1.11E-07 | 1.05E-07 |
| 5.2 | 9.98E-08 | 9.46E-08 | 8.96E-08 | 8.49E-08 | 8.04E-08 | 7.62E-08 | 7.22E-08 | 6.84E-08 | 6.47E-08 | 6.13E-08 |
| 5.3 | 5.80E-08 | 5.49E-08 | 5.20E-08 | 4.92E-08 | 4.66E-08 | 4.41E-08 | 4.17E-08 | 3.95E-08 | 3.73E-08 | 3.53E-08 |
| 5.4 | 3.34E-08 | 3.16E-08 | 2.99E-08 | 2.82E-08 | 2.67E-08 | 2.52E-08 | 2.39E-08 | 2.26E-08 | 2.13E-08 | 2.01E-08 |
| 5.5 | 1.90E-08 | 1.80E-08 | 1.70E-08 | 1.61E-08 | 1.52E-08 | 1.43E-08 | 1.35E-08 | 1.28E-08 | 1.21E-08 | 1.14E-08 |
| 5.6 | 1.07E-08 | 1.01E-08 | 9.57E-09 | 9.04E-09 | 8.53E-09 | 8.04E-09 | 7.59E-09 | 7.16E-09 | 6.75E-09 | 6.37E-09 |
| 5.7 | 6.01E-09 | 5.67E-09 | 5.34E-09 | 5.04E-09 | 4.75E-09 | 4.48E-09 | 4.22E-09 | 3.98E-09 | 3.75E-09 | 3.53E-09 |
| 5.8 | 3.33E-09 | 3.13E-09 | 2.95E-09 | 2.78E-09 | 2.62E-09 | 2.47E-09 | 2.32E-09 | 2.19E-09 | 2.06E-09 | 1.94E-09 |
| 5.9 | 1.82E-09 | 1.72E-09 | 1.62E-09 | 1.52E-09 | 1.43E-09 | 1.35E-09 | 1.27E-09 | 1.19E-09 | 1.12E-09 | 1.05E-09 |
| 6.0 | 9.90E-10 | 9.31E-10 | 8.75E-10 | 8.23E-10 | 7.73E-10 | 7.27E-10 | 6.83E-10 | 6.42E-10 | 6.03E-10 | 5.67E-10 |

# Anhang 2: Sigma-Werte und FpMM-Werte

*Umrechnungstabelle, Sigma-Werte (kurzfristig) und FpMM-Werte (langfristig). Eine Standardveränderung des Mittelwerts um 1,5 σ (Standardabweichungen) ist in den FpMM-Werten enthalten.*

| Sigma | FpMM | Sigma | FpMM | Sigma | FpMM |
|-------|--------|-------|-------|-------|------|
| 1,5 | 500 000 | 3,0 | 66 807 | 4,5 | 1 350 |
| 1,6 | 460 172 | 3,1 | 54 799 | 4,6 | 968 |
| 1,7 | 420 740 | 3,2 | 44 565 | 4,7 | 687 |
| 1,8 | 382 088 | 3,3 | 35 930 | 4,8 | 483 |
| 1,9 | 344 578 | 3,4 | 28 717 | 4,9 | 337 |
| 2,0 | 308 537 | 3,5 | 22 750 | 5,0 | 233 |
| 2,1 | 274 253 | 3,6 | 17 865 | 5,1 | 159 |
| 2,2 | 241 964 | 3,7 | 13 904 | 5,2 | 108 |
| 2,3 | 211 856 | 3,8 | 10 700 | 5,3 | 72 |
| 2,4 | 184 060 | 3,9 | 8 198 | 5,4 | 48 |
| 2,5 | 158 655 | 4,0 | 6 210 | 5,5 | 32 |
| 2,6 | 135 666 | 4,1 | 4 661 | 5,6 | 21 |
| 2,7 | 115 070 | 4,2 | 3 467 | 5,7 | 13 |
| 2,8 | 96 800 | 4,3 | 2 555 | 5,8 | 8,6 |
| 2,9 | 80 757 | 4,4 | 1 866 | 5,9 | 5,5 |
|  |  |  |  | 6,0 | 3,4 |

# Literatur

Alle Pocket-Power-Bände, siehe innere Umschlagseiten.

*Bergman, B.; Klefsjö, B.:* Quality, from Customer Needs to Customer Satisfaction (2. Aufl.). Lund: Studentlitteratur 2003

*Breyfogle, F. W.:* Implementing Six Sigma: Smarter Solutions Using Statistical Methods (2. Aufl.). New York: John Wiley & Sons 1999

*Chowdhury, S.:* Design for Six Sigma. London: Financial Times Prentice Hall 2001

*Eckes, G.:* The Six Sigma Revolution. New York: John Wiley & Sons 2001

*George, M. L.:* Lean Six Sigma. New York: McGraw Hill 2002

*Hair, J. F.; Anderson, R. E.; Tatham, T. L.; Black, W. C.:* Multivariate Data Analysis with Readings. Englewood Cliffs: Prentice-Hall 1995

*Harry, M. J.; Schroeder, R.:* Six Sigma, The Breakthrough Management Strategy Revolutionizing The World's Top Corporations. New York: Doubleday 1999

*Kamiske, G. F.; Brauer, J.-P.:* Qualitätsmanagement von A bis Z (3. Aufl.). München, Wien: Hanser 1999

*Magnusson, K.; Kroslid, D.; Bergmann, B.:* Six Sigma umsetzen. München, Wien: Hanser 2001.

*Schmelzer, H. J.; Sesselmann, W.:* Geschäftsprozess-Management in der Praxis. München, Wien: Hanser 2002

*Taguchi, G.; Chowdhury, S.; Taguchi, S.:* Robust Engineering. New York: McGraw Hill 2001

*Tennant, G.:* Design for Six Sigma, Launching New Products and Services Without Failure. New York, Gower 2002

*Welch, J. F.:* Jack – What I've Learned Leading a Great Company and Great People. New York: Warner Books 2001

*Womack, J. P.; Jones, D. T.; Roos, D.:* The Machine that Changed the World. New York: Rawson Associates (Macmillan) 1990